城市水环境保护丛书

长江流域
小微水体绿色治理
技术与实证研究

黄钰铃　莫　晶　骆辉煌　曹天正／著

长江出版社
CHANGJIANG PRESS

图书在版编目（CIP）数据

长江流域小微水体绿色治理技术与实证研究 / 黄钰铃等著 .
武汉：长江出版社，2025. 5. --（城市水环境保护丛书 / 黄钰铃主编）.
ISBN 978-7-5804-0136-6

Ⅰ . TV882.2

中国国家版本馆 CIP 数据核字第 20250YN349 号

长江流域小微水体绿色治理技术与实证研究

CHANGJIANGLIUYUXIAOWEISHUITI LÜSEZHILIJISHUYUSHIZHENGYANJIU

黄钰铃等　著

责任编辑：高婕妤
装帧设计：彭微
出版发行：长江出版社
地　　址：武汉市江岸区解放大道 1863 号
邮　　编：430010
网　　址：https://www.cjpress.cn
电　　话：027-82926557（总编室）
　　　　　027-82926806（市场营销部）
经　　销：各地新华书店
印　　刷：武汉市首壹印务有限公司
规　　格：787mm×1092mm
开　　本：16
印　　张：8.75
彩　　页：8
字　　数：220 千字
版　　次：2025 年 5 月第 1 版
印　　次：2025 年 5 月第 1 次
书　　号：ISBN 978-7-5804-0136-6
定　　价：76.00 元

前 言

PREFACE

党的十八大以来，随着生态文明建设深入推进，坚持山水林田湖草沙一体化保护和系统治理，加快实施重要生态系统保护和修复重大工程，巩固提升生态环境保护成效，持续推进美丽中国建设取得重大成绩。2018年4月，习近平总书记在武汉主持召开深入推动长江经济带发展座谈会时指出，把修复长江生态环境摆在压倒性位置，共抓大保护、不搞大开发，探索出一条生态优先、绿色发展新路子。2022年，习近平总书记在宜宾考察时提出保护好长江流域生态环境，是推动长江经济带高质量发展的前提，也是守护好中华文明摇篮的必然要求。2024年，习近平总书记考察湖北再次强调把修复长江生态环境摆在压倒性位置。长江经济带生态环境发生转折性变化，极大推动了长江经济带绿色低碳高质量发展。

本书是"长江大保护城市水环境治理成效实时评估"（编号：HB/ZB2021130）和"长江生态环境保护修复联合研究（第二期）课题——生态环境保护修复绿色低碳关键技术筛选与实证"（编号：2022-LHYJ-02-0303）的主要成果。全书共分8章，其中第1章为绪论，由黄钰铃完成；第2章介绍水体污染溯源诊断方案，由骆辉煌和黄钰铃完成；第3章介绍水体绿色治理技术筛选，由莫晶完成；第4章至第7章分别介绍长江流域典型城市河流、城镇河流、农村河流及城市湖泊等类型的小微水体BXH、SLH、GMH及SSH绿色治理技术实证研究，其中第4、6章由黄钰铃和陶如发、孙庆怡完成，第5章由莫晶完成，第7章由曹天正和侯远航完成；第8章为结论与展望。全书由黄钰铃统稿和审校。

前言

PREFACE

　　项目实施及书稿编写过程中得到长江生态环保集团有限公司陈文然、成浩科、曾招财及中国科学院生态环境研究中心胡承志、于洪伟等领导和同行的帮助和支持。研究成果是项目组全体人员辛勤劳动的结果。书稿的编写过程中，参考引用了同行公开发表的有关文献与技术资料。在此一并表示衷心感谢。该书可供水环境治理与水生态保护工程技术人员参考。

　　限于时间及作者水平，书中可能存在不足甚至是错误之处，敬请读者批评指正！

作　者

2025 年 3 月

目 录

CONTENTS

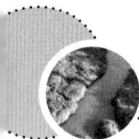

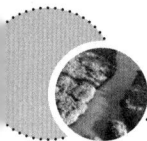

第1章 绪 论

1.1 研究背景及意义

党的十八大确定生态文明建设是统筹推进"五位一体"总体布局和协调推进"四个全面"战略布局的重要内容；党的十九大就深入推进生态文明建设、打好污染防治攻坚战、推动高质量发展等方面作出新部署、提出新要求；党的二十大报告要求推动绿色发展，促进人与自然和谐共生，深入推进环境污染防治，坚持精准治污、科学治污；党的二十届三中全会进一步明确健全生态环境治理体系，完善精准治污、科学治污。因此，良好生态环境是实现中华民族永续发展的内在要求，是增进民生福祉的优先领域。深入贯彻习近平新时代中国特色社会主义生态文明思想，必须坚持以人民为中心，牢固树立和践行绿水青山就是金山银山的理念，把建设美丽中国摆在强国建设、民族复兴的突出位置，推动城乡人居环境明显改善、美丽中国建设取得显著成效，以高品质生态环境支撑高质量发展，加快推进人与自然和谐共生的现代化建设。

连续多年的中央一号文件均提到实施水系连通、开展农村小微水体整治。中央"十四五"规划、2035年远景目标纲要、长江经济带发展规划纲要及长江经济带环境保护规划重点强调发展农业农村、推进乡村振兴、改善环境质量和推动绿色发展等任务，这些方面涵盖了小微水体整治的相关要求。农村小微水体与农村居民生产生活息息相关，不仅承担防洪排涝功能，部分小微水体还承担供水、灌溉、纳污等功能。开展农村小微水体综合整治不仅有利于实施乡村振兴战略、建设水生态文明，还能改善农村人居环境，加快水美乡村建设。

长江流域河湖密布，历经多年开发建设后，传统的经济发展方式发生根本转变，生态环境状况形势严峻，水环境污染问题成为部分地区经济发展的制约之一。自2016年推动长江经济带发展座谈会在重庆召开以来，长江流域发展即确定了"共抓大保护，不搞大开发"的总基调。2022年生态环境部等多部门联合发布《深入打好长江保护修复攻坚战行动方案》，要求持续深化水环境综合治理，深入推进水生态系统修复。同

时，为着力解决长江突出生态环境问题，有关部门和沿江各级人民政府组织围绕长江保护修复攻坚战展开一系列行动，长江保护修复攻坚战全面打响。通过开展长江流域劣Ⅴ类国控断面整治专项行动，推进"绿盾""清废"专项行动，持续开展长江经济带饮用水水源地专项行动、持续实施城市黑臭水体整治专项行动、组织工业园区污水处理设施整治专项行动等，带动整体长江保护修复工作，解决一大批"老大难"环境问题，使得长江水生态环境呈现逐年改善、持续向好的态势。

随着我国城市化和工业化进程的加快，受水污染控制与治理建设相对滞后的影响，部分城市的水体尤其是中小城市的小微水体沦为了工农业生产及生活污水的排放场所，导致大片小微水体污染，诱发富营养化等生态问题，最终形成随处可见的小微黑臭水体。长期以来，国家重点实施大沟、大渠、河道以及跨区域性的重要河流水系的治理，而对小微水体的管理和维护缺乏重视（李原园等，2021）。新阶段要深入打好污染防治攻坚战，需保持力度，延伸深度，拓宽广度。到2025年年底，长江流域将实现"总体水质保持优良，干流水质保持Ⅱ类，饮用水安全保障水平持续提升，重要河湖生态用水得到有效保障，水生态质量明显提升"；到2035年，我国"生态环境质量实现根本好转，美丽中国目标基本实现"。将区域内小微水体绿色治理与生态系统恢复作为长江流域水生态保护与修复的工作重点，对长江经济带城乡高质量发展具有重要意义。

1.2 国内外研究进展

1.2.1 小微水体定义

自然界中，大江大河是地球的生命动脉，小微水体是江河湖库的毛细血管。国外小微水体多被称为池塘（Pond）、水塘（Pool）或小微湿地（Small and micro wetlands）。各国对小微水体面积有不同定义，如苏格兰的治理指南中明确界定池塘为面积在 $1\sim20000\mathrm{m}^2$ 的人工或自然淡水水体。基于乡村调查，欧美国家普遍界定了小微湿地面积的上限，大部分研究认为其面积应低于 $10\mathrm{hm}^2$。我国学术界认为小微水体不仅包括池塘和水塘，还包括城乡沟、渠、溪、塘等水体。小微水体一般具有封闭性较强、流动性较差且生态结构较为单一、自净能力较弱等特征。国内外学术界对界定的小微水体面积及其功能的研究，为小微水体污染治理奠定了基础。

基于现有文献的梳理，对小微水体定义如下：广泛分布在城乡，具有汇水、输水、排水、蓄水功能，有一定水面面积，易受外界影响，有持续存在状态的塘、沟、渠、溪等水体，主要包括塘堰、山塘、小沟、边沟、小渠、小水库、小湖泊等。小微水体不仅有生态涵养价值，而且大多在群众身边，与群众的生产生活关系密切，其水环境状态是群众最为关心的环境问题之一。

1.2.2　小微水体分类

参考 2020 年 9 月 27 日湖北省河湖长制办公室编制发布的《湖北省小微水体治理管护工作指南（试行）》，根据小微水体特征及地域分布，将其分为以下 7 类，具体见表 1-1。

表 1-1 　　　　　　　　　　　小微水体的分类

序号	类型	描述
1	城市港渠类	城市具有排水、连通、景观功能的港渠等
2	城市湖塘类	城市景观湖（池）、生态塘等
3	自然河溪类	山区或丘陵岗地自然形成的河、溪、沟等
4	农村沟渠类	经过人工改造的具有灌溉、排水功能的沟渠等
5	农村塘堰类	农村门口塘、山塘、堰塘、鱼塘等
6	小型湖库类	未纳入河湖长制管理的小型湖库
7	其他特殊类	难以归类的其他特殊水体

鉴于各种小微水体在长江流域十分常见，下文从工农业生产和生活污染导致的现象和问题出发，重点探讨受人类活动影响较大、区位特殊、有重要保护意义的小微水体等。

1.2.3　小微水体污染特征

我国不同区域 157 个小微水体水质调查数据显示，中度和重度富营养化水体占 75% 左右，其中黑臭水体占 7%；污染成因分析结果显示，氮磷含量较高的水体占 22%，高氮水体占 34%，高磷水体占 44%（尹雷，2015）。随着截污清淤、生态重建等措施的实施，上海真如港、新角浦、绥宁河、朝阳河及温州的蜂河等在削减污染、改善水质、减缓水体黑臭现象的同时，由于水体仍然相对封闭、氮磷营养盐含量仍较高，富营养化特征明显，特别是在气温逐步回升的春夏之际，一些河段在部分时间内多次出现水华、浮萍泛滥等问题（陈玉辉，2013）。由此可见，富营养化和黑臭现象是小微水体最主要的污染特征。

早在 20 世纪 90 年代，我国城市水体富营养化问题就引起关注。但富营养化小微水体由于面积小、数量多，直至近些年来才逐渐得到重视。不同水体面临的富营养化风险不同，小微水体的地理特征在一定程度上决定其面临更高的外在和内在的富营养

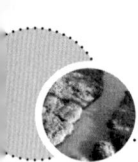

化风险。与湖泊相比，小微水体容积小，环境容量更小，而且对外源输入营养的稀释能力较弱，难以很好地缓冲、稀释和沉降输入的氮磷营养盐，这导致小微水体对人类活动更为敏感，受人类氮磷等污染物排放使外源负荷增高的影响，小微水体易富营养化并暴发藻类水华。

富营养化的小微水体水源补给不足且自身流动性差，导致水体中浮游植物大量繁殖、颜色异常、浊度增加，甚至释放有毒有害物质并伴有腥臭味，严重影响水体表观；在雨天，合流制排水管网污水溢流，将大量污染物输入小微水体，并沉积、富集，导致水体水质恶化、呈黑臭状态（杨娜等，2021）。

2016年，住建部对地级及以上城市建成区黑臭水体进行专项排查，数据显示，在全国295座地级及以上城市中，共有216座城市排查出黑臭水体，其中64%集中在经济发展和污水治理较为领先的东南沿海城市（徐晋，2022）。2018年全国需整治的黑臭水体共计2100个，广东省以243个居首位，其中多数为氨氮超标（孙秋慧，2018）。国务院印发的《水污染防治行动计划》（简称"水十条"）明确提出，到2020年，全国地级及以上城市建成区黑臭水体比例应控制在10%以内。到2030年，城市建成区黑臭水体总体得到消除。2021年11月7日，《中共中央 国务院关于深入打好污染防治攻坚战的意见》明确提出，到2025年实现生态环境持续改善，重污染天气、城市黑臭水体基本消除。《重点流域水生态环境保护规划》对黑臭水体整治提出具体目标：到2025年，基本消除较大面积农村黑臭水体；要巩固提升地级及以上城市建成区黑臭水体治理成效，建立防止返黑返臭的长效机制；发挥各级河湖长制平台作用，实施塑料垃圾清理专项行动，及时清理水面漂浮塑料垃圾，对已完成治理的黑臭水体定期开展水质监测并向社会公布结果；针对县级城市建成区黑臭水体，需开展水质监测，制定黑臭水体清单，编制实施整治方案，定期向社会公开治理进展情况；在农村地区，要以县级行政区为基本单元开展农村黑臭水体排查、整治和长效管理，因河（塘、沟、渠）施策，推进农村黑臭水体治理，开展农村水系综合整治。截至2023年3月5日，全国地级及以上城市黑臭水体已基本消除，但农村黑臭水体整治还需持续推进。

1.2.4 小微水体治理与管护

国内学者近年来对农村小微水体的关注主要集中在以下三方面：一是对小微水体的污染来源分析，如南方地区小微水体的重金属污染来源研究（陶晨等，2018），安吉县西苕溪流域内污染严重的池塘、山塘及沟渠等小微水体污染源解析（邬剑宇，2018）；二是对小微水体治理措施的探讨，如农村门口塘小微水体污染现状及治理工程技术措施研究（黄博等，2018）、深圳市花园河流域2个典型小微水体污染治理（杨丹丹，2019）、张家港市3个小微水体治理（刘祺等，2019）、沿海某镇小微水体消劣治理措施探讨（莫晨剑等，2020）、深圳市光明区茅洲河小微水体治理（黄慧锋，2021）、粤港澳大湾区小微黑臭水体治理的 FBR 生物循环床综合治理技术研究（商放泽等，2021）、淮安市主城区小微黑臭水体污染现状及水质净化（徐昕等，2022）；三是对小微水体治理参与方的博弈研究，如构建上级政府、基层河长、公众三方演化博弈模型，对小微水体治理参与方行为进行分析等（何楠等，2021；杨丝雯，2021）。

目前已有部分地区意识到提升小微水体的水质状况的迫切性，并纷纷开展治理小微水体的行动，建立起省、市、县、乡、村五级河长体系，使河长管辖范围覆盖到村级小微水体，明确小微水体治理的重要地位，加快小微水体污染控制步伐（刘珊等，2023；文远颖，2023）。

2016 年、2017 年，中共中央办公厅、国务院办公厅先后印发《关于全面推行河长制的意见》《关于在湖泊实施湖长制的指导意见》，拉开了全国各地贯彻落实河湖长制的帷幕。北京市将"河长吹哨，部门报到"工作机制创新融入小微水体整治并取得明显成效。如顺义区全面排查辖区河道、沟渠、马路边沟、坑塘、房前屋后排水沟，建立问题清单，实行"拉条挂账、逐个销号"式治理。经过一年多综合治理，位于后沙峪镇的罗马湖水质清澈、环境优美、景色迷人，被当地不少百姓称为北京的"小后海"（贺亚兰，2019）。2018 年，水利部出台《关于推动河长制从"有名"到"有实"的实施意见》，明确表示各省市要积极建立省、市、县、乡四个级别的河长体系。这些河长的管辖范围覆盖了上万个河道、沟渠、湖泊、池塘等不同类型的村级小微水体。2020年，全国水利会议要求抓好水美乡村建设，开展水系连通及农村水系综合整治，将"清四乱"工作向中小河流、农村河湖延伸。2021 年，水利部关于印发全面推行河湖长制工作部际联席会议工作要点的通知明确提出要推进农村黑臭水体治理。同年，水利部副部长在全面推行河湖长制五周年新闻发布会上指出，"十四五"时期将深入推进河湖"清四乱"常态化规范化，继续推进长江、黄河、大运河、华北地下水超采区等重点流域或区域河湖清理整治，并向中小河流、乡村河湖延伸，延伸到"最后一公里"，包括农村小微水体，将清理整治从一个点推向整条河、全流域。

目前，国内多个省市已将小微水体逐渐纳入河长制的工作重点。

北京市自 2018 年年底开始将治污重点向小微水体深化。截至 2020 年底，全市已完成近 700 条小微水体的治理。2021 年 3 月，北京市出台《北京市小微水体整治管护工作标准规范指导意见》，对小微水体的环境指标和水质指标都提出明确的考核指标：在环境方面，小微水体治理应实现无垃圾渣土，周边无违法建设，无工业、生活、种养殖业等污水排入，集中漂浮物应及时清理，不得超过 $1m^2$；在水质方面，指导意见对水体的透明度、溶解氧（DO）和氨氮（NH_3-N）有具体标准和测定方法。

广东省广州市自 2017 年开始启动 152 条黑臭河涌和城市小微水体的治理（傲德姆

等，2020）。2018 年 6 月，广州市河长办将小微水体纳入河长制考核范围，印发《广州市小微水体整治工作方案》，提出全面排查列入整治的小微水体周边各类水污染点、面源，造册登记，逐宗整治，销号管理；加快推进城镇、农村污水收集系统和处理设施的建设，建立完善城镇、农村污水收集、设施运行、维护、管理长效机制；全面清理非法设置、设置不合理及经整治后仍无法达标排放的排污口；对偷设、私设的排污口、暗管，一律封堵；对污水直排口，一律就近纳管或采取临时截污措施；对雨污混排口，一律限期整改；以治理垃圾、养殖污染等为重点，整治小微水体流域内的农业农村面源污染；发挥村庄责任主体作用，落实管理责任人，建立农业农村面源污染治理长效机制。深圳市于 2018 年全面开展小微黑臭水体的整治工作，截至 2019 年底，全市 1467 个小微黑臭水体全部完成整治，实现不黑不臭（陈勇等，2021）。

福建省厦门市河长办于 2020 年 7 月印发《厦门市小微水体治理工作指南》，其内容包括总则、小微水体定义与分级、小微水体调查、技术路线、治理技术、项目实施、实施效果评估等 7 部分，下发各区河长办，作为小微水体治理的"技术顾问"，指导各区、镇、街道开展受污染小微水体的排查与识别、治理方案制定与实施、治理效果评估与考核等工作。基于该指南，将全市 910 个小微水体纳入河湖长制管理范围，对小微水体前期摸排、中期治理与后期管护实施全方位监管。截至 2024 年 6 月，全市完成所有 333 个受污染小微水体治理，并打造 83 处小微水体景点。

湖北省河湖长办于 2020 年发布《湖北省小微水体治理管护工作指南（试行）》，指导各地开展小微水体治理与管护工作（熊春茂等，2017；徐会显，2020）。该指南提出，2020 年底前要基本完成城区小微水体整治任务，完成 60% 以上农村小微水体整治任务，并建立以河湖长制为核心的长效管护机制；2021 年底前，小微水体整治取得阶段性成效，基本实现小微水体"三无"（污水无直排、水面无漂浮物、岸边无垃圾）目标。城市小微水体的整治技术包括截污纳管、垃圾清理、生物残体及漂浮物清理、清淤疏浚、生态净化、人工增氧和活水循环；农村小微水体整治技术包括控源截污、清淤疏浚、生态修复等。2019 年 9 月，宜昌市夷陵区印发《关于在小微水体推行河湖长制的实施方案》，遵循"查""建""治""护"四字工作法，因地制宜，全域推进，将河湖长制推向深处。2020 年 9 月，宜昌市兴山县河长办印发《兴山县小微水体整治实施方案》，成立由县河长办和各乡镇主要负责人组成的小微水体整治领导小组，将全县 8 个乡镇 73 个行政村的 432 处农村小微水体纳入河长制管理，并建立小微水体台账。截至 2021 年 9 月，湖北省 23 万个农村小微水体整治已完成 14 万个，完成率达 60.9%，彻底结束农村小微水体无人管、无人治的局面，实现河湖水体全覆盖和源头末梢全管控。2022 年荆门市东宝区以水系连通、水美乡村项目建设为依托，完成 72 口塘堰小微水体整治。2019 年以来，黄冈市水利和湖泊局以实施河湖长制为契机，创新思维，结合移民美丽家园创建工作，统筹推进，融合发展，通过源头治污、水质提升和强化管护等措施，打造小微水体治理典型样板，以点带面推动小微水体河湖长制工作全面落实。其中，浠水县兰溪镇双河口村筹措资金 83 万元，运用生物浮岛和太阳能微动力生态浮岛等环保技术，使小微水体生态治理取得明显成效。

安徽省完成农村水系及小微水体河湖长体系建设。滁州市在 8 个县市区和 104 个乡镇办，设置 8 名县级、104 名乡镇级、1070 名村级农村水系及小微水体河湖长并相应设置了河湖长公示牌，负责管护 3619 个农村水系及小微水体。2019 年，望江县共整合资金 573.43 万元，对全县 10 个乡镇 183 个小微水体进行集中整治；2020 年，该县进一步加大整合资金力度，重点整治 78 个小微水体，让河畅、水清、岸绿、景美变成现实。

江苏省《关于推行小微水体河长制的指导意见》明确提出，2023 年底前基本完成小微水体整治任务，取得阶段性成效，实现小微水体"四无"（水面岸坡无垃圾、沿线无污水直排、水体无黑臭、岸线无乱堆违建）目标，构建水清岸绿、人水和谐的美好景象。宿迁市目前共有包含小沟、小渠、小河、小溪等小微水体在内的村级河道 4511 条，各类小水塘 5356 个（莫帅等，2019）。该市依照"综合治理、系统施策、重点突破、聚焦关键"的原则，以提升农村水环境质量为根本出发点，围绕"乡村污水收集处置能力提升、乡村水体沟通、乡村生态河道打造、乡村面源污染防治、生活垃圾处理体系完善"五大重点开展工作。建制镇污水处理设施建成率达到 91%，实现农村河道常态化疏浚清淤，100 条生态河道建设工程有序推进，基本实现"水碧、岸绿、河通、景美"治理目标，宿迁市以小微水体治理为核心的农村水环境整治取得明显成效。

浙江省杭州市在开展大规模"五水共治"后，河流和湖泊水体水质都有大幅度提升，但部分小池塘、细水沟等小微水体的污染程度还未得到有效改善。杭州市余杭区选择不同类型的农村池塘进行污水治理试验，通过增加水体流动性、改善进水水质、种植水生植物、放养水生动物、放养微生物和美化周边生态环境等 6 项技术，针对不同池塘设计技术组合，实施"一塘一策"生态化治理，取得显著成效：总磷平均改善率为 93.71%、氨氮为 79.36%、总氮为 41.63%、浊度为 47.73%、透明度为 52.18%，该成果为同类小微水体治理提供参考（金佩英等，2019）。

此外，长江流域其他省市也开展了相关工作。如，2021 年以来，江西省永丰县为解决流域面积 10km^2 以下河流、山塘和村小组门塘沟渠等小微水体管理难问题，筹集资金 2.68 亿元，整治河道 60 条，治理河道 286km，整治沟塘 113 座，全县 1469 座山塘、109 座水库水质明显好转。湖南省株洲市天元区群丰镇石塘村在治理污染严重的池塘小微水体时，尝试采用微纳米气泡为黑臭水体"洗澡"的技术，不仅省时省钱省力，还最大程度实现资源有效利用。四川省巴中市系统推进城市建成区污水处理厂扩

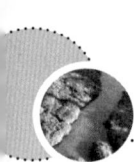

容、截污管网建设、乡镇污水垃圾处理站建设、黑臭水体治理、小微水体治理等水环境治理"五大工程",切实补齐水污染基础设施建设短板,加强常态化监管水污染,先后建成巴城污水处理厂迁建工程等 7 座城市污水处理站、79 处乡镇污水垃圾处理设施,完成 5 条黑臭水体、1250 个小微水体治理任务。

"小堂占尽一湖春,咫尺村烟接市尘。"治理小微水体时,还要深入发掘所在地的人文历史,突出乡愁记忆,打造有灵魂、有生机、有文化的城乡景致。

1.3 研究内容

1.3.1 水体污染溯源诊断方案研究

针对水体发生异常变化如富营养化或黑臭等现象,开展污染特征调查与分析,总结归纳水体污染溯源方法,提出小微水体污染溯源技术体系。

1.3.2 水体绿色治理技术筛选

结合国家"十一五""十二五"水专项科技成果库,筛选针对富营养化或黑臭现象的水体治理技术,根据成果库中的相关数据进行初步评估;在此基础上,提出长江流域小微水体绿色治理技术推荐清单。

1.3.3 典型小微水体绿色治理技术实证

以典型城市、城镇和农村小微水体为例,开展现场调查与监测、室内测试与分析,探讨水体污染特征及成因,识别引起水体污染的关键因子,揭示小微水体的内在污染变化机制;阐述小微水体污染物绿色削减技术,评估治理成效,完成典型小微水体污染溯源与绿色治理技术实证。

1.4 研究方法与数据来源

本研究主要方法包括资料收集、现场调查与监测、室内测试与分析等。研究中技术数据主要来源于水专项科技成果库,监测数据主要来源于项目组收集、调查、监测和检测等,另有部分数据来源于各地政府部门公开网站。

第 2 章　水体污染溯源诊断方案

2.1　水体污染特征调查与分析

2.1.1　水体污染特征调查方案

黑臭水体通常有以下特征：有机污染严重，富营养化显著；溶解氧含量低，氨氮浓度较高；透明度低，呈黑色或泛黑色；散发刺激性气味。水体污染特征调查目的是掌握水体污染源、水文、水质和水体功能利用等方面的背景信息，为水体污染成因分析及污染溯源提供基础资料。水体污染特征调查方案主要包括调查方法、调查范围和调查时间等内容。

2.1.1.1　调查方法

调查以收集资料为主、现场实地监测与采样为辅。常用的调查方法包括收集资料法、现场实测法和遥感遥测法，调查内容主要为环境水文条件、水污染源和水环境质量。水体污染发生异常变化的表观特征主要包括水体富营养化和水体黑臭两个方面。因此，采用综合调查方法进行水质、底泥、水生生物等水体特征调查。

水质调查主要通过采集水样进行水质监测，包括常规指标总氮、总磷、氨氮、亚硝酸盐氮等，以及一些特征污染物指标。水体水质调查的点位布设与采样方法应符合现行标准有关规定。开展水质调查前应进行预调查，即在较大的采样范围布设监测垂线，进行较详尽的调查。调查指标分为现场水质指标和实验室分析指标两类。其中，现场水质指标包括水温、水深、pH 值、溶解氧（DO）、氧化还原电位（Eh）、透明度等；实验室分析指标包括营养盐、有机物和重金属等。其他调查项目可按现行标准相关规定执行，并根据水功能区和入河湖排污口管理需要确定。

在调查基础上开展现场监测与采样分析。监测垂线的布设需覆盖进水区、出水区、深水区、浅水区、水域中央等不同水域，同时还需考虑以下因素：水面面积和形态特征、水动力条件、排污设施和排污口、污染物迁移转化规律等。应调查水体水深特点，并据此确定监测垂线上的采样层次（表 2-1）。一般来说，当小微水体较浅时，不必分层监测。

采样频率和时间应符合下列规定：①在丰、平、枯水季应至少采样 1 次，反映水质自然变化和受人类活动影响变化规律；②不同采样点位的采样时间宜保持一致（或确保水温、光照等干扰因素相似），以确保调查结果具有可比性；③对于受光照变化影响较大的指标（如叶绿素 a），监测时间宜选择凌晨、午后等代表性时段（国家环境保护总局，2002）。样品主要理化指标和测定方法见表 2-2。

表 2-1   **样品主要理化指标和测定方法**

水深	分层情况	采样点数	说明
<5m	不分层	一点（水面下 0.5m 处）	1. 分层是指水温分层状况；
5～10m	不分层	两点（水面下 0.5m，水底上 0.5m 处）	2. 水深不足 1m，在 1/2 水深处设置测点；
	分层	三点（水面下 0.5m，1/2 斜温层，水底上 0.5m 处）	3. 有充分数据证实垂线水质均匀时，可酌情减少测点
>10m	分层	除水面下 0.5m，水底上 0.5m 处外，按每一斜纹分层 1/2 处设置	

表 2-2   **水体主要理化指标和测定方法**

指标	执行标准	
水温	《水质 水温的测定 温度计或颠倒温度计测定法》	GB 13195—1991
透明度	《透明度的测定（透明度计法、圆盘法）》	SL 87—1994
浊度	《水质 浊度的测定》	GB 13200—1991
pH 值	《水质 pH 值的测定 玻璃电极法》	GB 6920—1986
电导率	《电导率的测定（电导仪法）》	SL 78—1994
悬浮物	《水质 悬浮物的测定 重量法》	GB 11901—1989
碱度	《碱度（总碱度、重碳酸盐和碳酸盐）的测定（酸滴定法）》	SL 83—1994
溶解氧	《水质 溶解氧的测定 电化学探头法》	HJ 506—2009
高锰酸盐指数	《水质 高锰酸盐指数的测定》	GB 11892—1989
生化需氧量	《水质 五日生化需氧量（BOD_5）的测定 稀释与接种法》	HJ 505—2009
叶绿素 a	《水质 叶绿素 a 的测定 分光光度法》	SL 88—2012
总磷	《水质 总磷的测定 钼酸铵分光光度法》	GB 11893—1989
总氮	《水质 总氮的测定 碱性过硫酸钾消解 紫外分光光度法》	HJ 636—2012
亚硝酸盐氮	《水质 亚硝酸盐氮的测定 分光光度法》	GB 7493—1987
硝酸盐氮	《水质 硝酸盐氮的测定 酚二磺酸分光光度法》	GB 7480—1987

续表

指标	执行标准	
氨氮	《水质 氨氮的测定 纳氏试剂分光光度法》	HJ 535—2009
氯化物	《水质 氯化物的测定 硝酸银滴定法》	GB 11896—1989

底泥调查主要采集底泥样品进行有机质、养分等指标进行分析。采样点设置应覆盖进水区、出水区、深水区、浅水区、水域中央等不同区域，同时应考虑以下因素：水面面积和形态、水动力条件、排污设施和排污口及污染物在水体中的迁移转化规律等。结合水质调查结果综合分析，在排污口、底泥淤积区、冲刷区等区域可适当增设采样点。采样频率应至少每年 1 次，需与水质采样时间同步。底泥样品的具体采集方法遵照现行行业标准，理化指标和测定方法见表 2-3。

表 2-3　　　　　　　　　　　　　底泥理化指标和测定方法

指标	执行标准	
粒径	《森林土壤颗粒组成（机械组成）的测定》	LY/T 1225—1999
氧化还原电位	《土壤 氧化还原电位的测定 电位法》	HJ 746—2015
有机质	《土壤 有机碳的测定 燃烧氧化-滴定法》	HJ 658—2013
	《土壤 有机碳的测定 燃烧氧化-非分散红外法》	HJ 695—2014
总氮	《土壤质量 全氮的测定 凯氏法》	HJ 717—2014
总磷	《土壤 总磷的测定 碱熔-钼锑抗分光光度法》	HJ 632—2011
铜、锌	《土壤质量 铜、锌的测定 火焰原子吸收分光光度法》	GB/T 17138—1997
铅、镉	《土壤质量 铅、镉的测定 石墨炉原子吸收分光光度法》	GB/T 17141—1997
镍	《土壤质量 镍的测定 火焰原子吸收分光光度法》	GB/T 17139—1997
总铬	《土壤和沉积物 铜、锌、铅、镍、铬的测定 火焰原子吸收分光光度法》	HJ 491—2019
汞、砷	《土壤和沉积物 汞、砷、硒、铋、锑的测定 微波消解/原子荧光法》	HJ 680—2013

水生生物调查对象包括浮游植物、浮游动物、大型水生植物、大型底栖动物、鱼类等。通过分析物种组成、密度和生物量等指标，了解水生生物的群落结构和生态功能等。生物调查应重点调查景观水体范围内的特有物种，以确定水域生态系统的重点保护目标物种，并详细调查该物种的种群动态、生态习性和生活史。浮游植物和浮游动物的采样点设置应覆盖进水区、出水区、深水区、浅水区等不同水域。浮游生物取样点应与水体理化性质取样点保持一致，采样频率可每季度 1 次或每月 1 次。藻类富营养化及水华监测需在春、夏、秋季增加采样频次，具体频次可根据需求增加至每周

1 次或每周 2 次。采样及分析方法遵照现行行业标准（表 2-4）。

表 2-4 生物调查监测指标及实验方法

编号	监测指标	实验方法
1	浮游植物定量	显微镜观察
2	浮游植物定性	显微镜观察
3	浮游动物定量	显微镜观察
4	浮游动物定性	显微镜观察
5	大型水生植物	样方法
6	鱼类群落结构	网捕法
7	底栖动物群落结构	采泥器及带网夹泥器

2.1.1.2 调查范围

调查范围应包括水体主要污染区域、污染区域上游控制断面、导致水体污染的上游区域、污染区域下游控制断面等。此外，应针对影响水体污染的来源开展溯源调查与分析。

2.1.1.3 调查时间

调查时间应根据调查目标确定，常规调查针对丰、平、枯不同水文时期开展，应急调查尽可能在突发事故后第一时间开展；污染源调查还应根据污染源排放特征，分正常工况和非正常工况开展。

2.1.2 水体污染特征分析方法

水体出现富营养化现象时，浮游植物大量繁殖，形成水华。因占优势的浮游藻类颜色不同，水面往往呈现蓝色、红色、棕色、乳白色等。富营养化会影响水体水质，造成水体透明度降低，使得阳光难以穿透水层，从而影响水中植物的光合作用，进而可能造成溶解氧过饱和。溶解氧过饱和以及水中溶解氧不足都对水生动物有害，可能导致鱼类大量死亡。同时，水体富营养化发生后，水体表面生长着以蓝藻、绿藻为优势种的大量水藻，形成一层"绿色浮渣"，致使底层堆积的有机物在厌氧条件分解产生的有害气体和一些浮游生物产生的生物毒素伤害鱼类。因富营养化水体中含有硝酸盐和亚硝酸盐，人畜长期饮用这些物质含量超标的水也会中毒致病。

采用水化学监测检测法、统计分析法等对水体污染特征进行分析。在对水体污染特征进行调查、监测、检测后，需对获取的数据进行再分析。常用的分析方法包括主成分分析（PCA）、因子分析（FA）、聚类分析（CA）等。其中，主成分分析和因子分析主要通过分析数据中的相关性和方差，降低数据维度，提取主要影响因素，为后续分析提供数据基础。聚类分析则是将样本按照一定的标准进行分类，寻找样本之间的相似性和差异性，为后续污染源解析提供基础信息。

2.1.3 水体污染关键因子识别方法

在水体污染特征调查和分析的基础上识别关键因子，为后续的污染源解析提供基础数据，常用的方法包括 Pearson 相关系数分析、多元线性回归分析、支持向量机回归分析、人工神经网络分析等。其中，Pearson 相关系数分析是用来评价两个变量之间的线性相关性的方法；多元线性回归分析是用来建立多个自变量与一个因变量之间关系的方法；支持向量机回归分析是一种非线性的回归分析方法；人工神经网络分析是一种基于神经元和权值连接的人工智能方法，通过多层神经元的联合作用，实现数据的自动分类和拟合，从而识别出关键因子。

2.2 污染溯源手段

工农业生产生活产生的大量污染物排入水体会对水环境造成严重污染。2020 年"两会"期间，生态环境部明确提出注重精准治污、科学治污、依法治污，因时因地因事采取适宜策略和方法，有针对性地解决生态环境问题。其中精准治污的前提是精准识别，在全面准确掌握污染源基础信息的基础上，准确识别重点区域、行业、时间等，而水污染溯源监测是精准识别的重要手段。

水污染事件的污染物、污染源具有多样性、复杂性等特征。当污染源排放成分不明确时，利用监测传感器获得的信息进行污染源识别，其存在数据量庞大，计算复杂的问题，且不确定度大、耗时长，污染成分解析结果可能存在非唯一性。此外，流域中可能同时存在多点位污染，尤其是化学组分较相似的多点位污染。因此，如何快速、精准地进行污染源识别，是一项亟待解决的科学问题。

我国环境污染溯源研究起步于大气颗粒物的识别与解析，通过基础资料调研与现场踏勘、结合污染源排查逐步发展（郑军等，2015；嵇晓燕等，2022）。目前常见水体污染溯源手段包括水化学监测检测法、示踪法、模型模拟法、水纹识别法、大数据与人工智能技术等。

2.2.1 水化学监测检测法

随着现代测量技术与仪器的发展，越来越多的分析检测手段被应用于水污染溯源技术中。水化学监测检测法通过野外监测检测水体 pH 值、电导率、溶解氧、化学需氧量、高锰酸盐指数、氨氮、总磷和总氮等常规指标，以及硫化物、挥发酚和金属类等特征指标来确定水体的水化学特征，在此基础上综合各类统计方法，分析水体的污染来源。水体中污染物按检测原理可分为光谱法、色谱法、电化学法、质谱法。但绝大多数检测方法基于实验室，需要专业的实验员，对仪器本身及运维要求也较高（魏潇淑等，2022）。水化学监测检测法由于其分析结果的准确性较高且经济性较好，被众多学者广泛使用，但该项技术依赖于分析水体的离子组成以定性分析污染源，无法进行污染源的定量评估。

2.2.2　示踪法

同位素示踪技术是利用放射性核素或稳定核素作为示踪剂，以追踪研究对象及其运动变化规律的一种重要技术手段。在水污染溯源中使用的稳定同位素有碳、氢、氧、氮、硫和铅。国内外相关案例较多，如美国犹他州 Goshen 盆地硝酸盐和砷的来源示踪（Selck 等，2018）、加拿大阿尔伯塔省 Bow 和 Oldman 河中硝酸盐来源示踪（Kruk 等，2020）、白洋淀地区地表水、地下水硝酸盐来源溯源（孔晓乐等，2018）、辽河平原浑河冲积扇土壤和地下水中铅的来源示踪（Kong 等，2018）、重庆北部岩溶槽谷区地下水硝酸盐来源示踪（徐璐等，2020）。

微生物示踪法是利用微生物在环境中的生化特性、遗传多样性及其特异性代谢产物确定其宿主来源的新技术，如加利福尼亚州某小流域污染示踪（Jiang 等，2007）、根据 16S rRNA 基因标记的拟杆菌跟踪污水处理厂及河流上游牛粪污染对河水的影响（Flynn 等，2016）、挪威被粪便污染的饮用水贮水池水体示踪（Paruch 等，2020）、哥伦比亚屠宰场废水、城市污水和 Bogotá 河的粪便污染源示踪等（Sánchez-alfonso 等，2020）、菲律宾 Laguna 湖粪便污染（Labrador 等，2020）。

此外，脂肪酸、粪甾醇、固醇、线粒体等生化物质也可作为生物标记物来替代同位素示踪进行河流中潜在污染源溯源（Gregor 等，2002；Martellini 等，2005；Sánez 等，2016）。示踪法溯源技术对污染源的定性和定量评估结果较为可靠，但测试成本高，操作难度较大。

2.2.3　模型模拟法

模型模拟法包括多元统计分析技术、机理模型等。例如，运用因子分析-多元回归模型确定土耳其 Dil Deresi 河中重金属来源（Pekey 等，2004）；针对汉江上游 56 个采样点水中微量金属浓度，通过因子分析/多元线性回归模型确定 As、Pb、Se、V、Sb

来源（Li 和 Zhang，2011）；通过主成分分析研究温瑞塘河流域城市、郊区和农村地区的水污染成因（Yang 等，2013）；采用层次聚类分析法分析坦桑尼亚北部潘加尼河流域有机氯农药残留（Hellar-kihampa 等，2013）；采用主成分分析和正定矩阵因子分解法对来自 5 个土地利用类型的 20 种化学物质数据进行分析，定性和定量识别径流污染物来源（Lee 等，2016）；采用水质指数法和多元统计法分析太湖水质和潜在污染源（Liu 等，2020）。

机理模型相较于统计模型具有更准确的模拟效果，适用于不同类型流域的精细化污染溯源。例如，基于 EFDC 和 WASP 模型的流域水动力模型、常规污染物水质模型以及有毒污染物水质模型，建立污染物溯源数据库，反向估算确定污染源位置（陈正侠等，2007）；基于气象、水文、DEM、土地利用等数据构建小流域非点源污染模型（HSPF），研究流域氮磷污染的时空分布特征，明确土地利用和雨型对流域非点源氮磷迁移的影响（赵龙，2024）；采用 MatSWMM 工具箱构建基于贝叶斯-马尔可夫链蒙特卡罗法的 SWMM-Bayesian 溯源模型，估算排水管网中每个潜在污染源的位置、排放量和排放时间的概率分布（杨立园等，2024）；采用半分布式 SWAT 模型溯源淮河中上游流域中新污染物环丙沙星和磺胺二甲嘧啶的污染来源（秋妍飞等，2025）等。

相对而言，模型模拟法依赖于大量调研与监测工作，需获取地形、土地利用、污染源、河湖地表水体等相关信息。

2.2.4　水纹识别法

水质指纹图谱即三维荧光光谱（Excitation Emission Matrix，EEM），其原理是建立以发射光波长和激发光波长为纵横坐标的二维平面，将待测水体的荧光强度以类似等高线的形式投影在坐标平面所形成的谱图（王靖霖等，2022）。在一定浓度范围内，荧光强度与有机物浓度具有线性相关关系（陈国庆等，2006）。因此可通过不同有机物的三维荧光光谱特点展现水样中有机物组成（Hambly 等，2010；季骁楠，2022），如同每个人的指纹一样，简称"水纹"（Wu 等，2006）。

水纹识别法通过分析水中某些特征污染因子与各污染源之间的关系来识别污染来源，并量化各来源的贡献。例如，日本琵琶湖及与其相连的河流指纹图谱分析（Mostofa 等，2005）、西班牙西北地区某燃料分配站周围的土壤和地下水污染指纹识别（Balseiro-Romero 等，2016）、阿尔及利亚西北部的切里夫河水域污染指纹识别（Benkaddour 等，2019）、某流域受排污影响的 6 条河流水纹图谱构建（Baker 等，2002）、北京北运河周边工厂的污水和河流水污染指纹识别（Li 等，2013）、某地下水污染图谱构建（Zheng 等，2013）、某大流量河道水纹荧光识别（谢超波等，2014）、南方某河及支流水质荧光指纹图谱构建（刘传旸和柴一荻，2021）、某市违法排污企业污染溯源（周黎等，2022）、长江南京段水中有机磷指纹图谱溯源（余明星等，2022）等。

随着三维荧光光谱技术在水污染溯源案例中的使用以及该技术的不断更新与发展（史斌，2018），以三维荧光光谱技术为基础的指纹图谱库逐步建立并完善（吕清等，2015）。与其他技术相比，EEM 技术操作简单且检测过程快速无污染，但 EEM 技术存在荧光信号叠加等问题，需结合大数据及人工智能技术进行指纹图谱的解析以确定污染源（王靖霖等，2022）。

2.2.5 大数据与人工智能技术

大数据分析与人工智能（Artificial Intelligence，AI）飞速发展，结合 EEM 技术后，在污染物定性溯源与定量解析方面取得长足进展。AI 技术在水污染溯源方面的应用模型主要包括人工神经网络（ANN）、支持向量机（SVM）、遗传算法（GA）、模糊逻辑（FL）以及各种混合模型等。例如，加州圣克利门蒂岛附近海域研究中将智能算法嵌入水下机器人中，通过污染团的发现、追踪、纠正、确定等过程实现污染源识别（郑伟，2011；郑卓乐，2018）；利用多层人工神经网络的逼近能力对地下水系统的未知源进行识别（Srivastava 和 Singh，2014）；采用人工神经网络、遗传算法和模式搜索（PS）等方法对未知污染源的位置、浓度和注入地表水的时间进行研究（Khorsandi 等，2015）；将人工智能算法引入基于适合度的紫外吸收光谱对污染事件进行早期检测（Asheri Arnon 等，2019）；建立一种集成长短时记忆网络（LSTM）人工智能系统，利用互相关法和关联规则（Apriori）分析水质特征变化来追踪工业污染源（Wang 等，2019），这种长短时记忆网络还能在很大程度上有效预测船舶溢油轨迹；利用小波分析和支持向量机预测水体中不同区域酚类污染物浓度（Feng 等，2020）；以昆明市安宁市 8 家重点企业为研究对象，基于 ConvNet 卷积神经网络构建水污染溯源模型并进行溯源（侯茂泽等，2022）；以安岳县岳阳河为研究对象，通过无人机高光谱图像和水质监测结果，建立一元回归模型、lasso 回归模型与 BP 神经网络模型，并完成三个区域氮浓度的反演及溯源（唐阳，2022）。总结上述各种溯源方法，得到水体污染溯源方法体系见图 2-1。

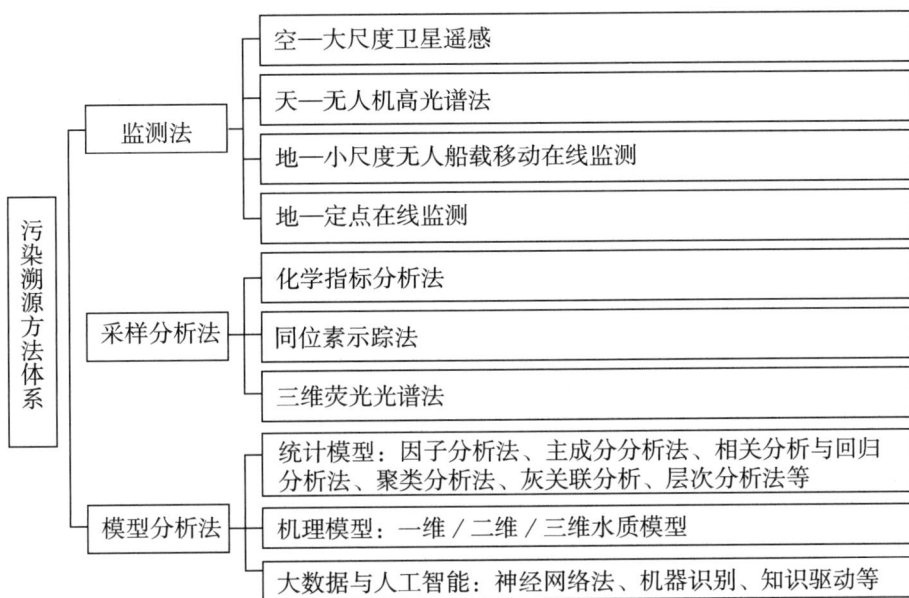

图 2-1　污染溯源方法体系

2.3　小微水体污染溯源技术体系

2.3.1　突发污染事故溯源技术体系

近年来，我国多次发生尾矿库泄漏引起的突发性重金属污染事件，如 2015 年甘陕川锑污染、2016 年新疆阿勒泰地区克兰河污染、2017 年河南栾川钼污染、2017 年嘉陵江铊污染、2020 年黑龙江伊春鹿鸣矿业尾矿库泄漏等（黄大伟等，2021）。对突发水环境污染事件开展污染溯源分析，可有力支撑事件应急处置、灾害生态风险评估和责任追究等。水体污染溯源技术体系包括污染物特征指纹分析、污染物总量分析、污染物浓度梯度变化分析、污染物迁移时间与路径分析等（图 2-2）（黄大伟等，2021）。

2.3.2　小微水体污染物溯源技术体系

为实现对水体污染源的精准识别，需要快速、低成本、适用范围广的污染物溯源技术体系（图 2-3），具体步骤如下。

1）构建流域水文及河湖库水质模型；

2）依据流域考核断面或排水管网排污风险高排水片区对应断面等判断流域溯源重点区域；

图 2-2 中各流程框：

> 污染物特征指纹分析

分析所有环境应急监测数据，厘清造成本次突发水污染事件的主要影响因子，即主要超标指标；随后围绕上游区域产业行业结构特征，分析其工艺特征，研究其可能产生的特征污染物，并与主要超标指标进行比对，预判可能肇事企业类型与区域

> 污染物总量分析

计算有记录以来环境应急监测中特征污染物浓度的平均值，结合污染事件发生水体的流量（或水量）、流速等水文条件，估算出此次事件特征污染物泄漏进入河流的总量；随后在疑似企业中根据工艺及物料平衡估算企业排入水体的污染物总量；将企业排出和水体中检出的量进行比较，进一步确定肇事企业

> 污染物浓度梯度变化分析

根据疑似肇事企业污染物排放浓度与应急监测得到的污染物浓度做对比，评估其浓度在水体中的变化趋势是否符合污染物在水体中的混合扩散模型

> 污染物迁移时间与路径分析

综合水体流量、流速等水文条件、气象条件，从监测到的污染物前锋反推污染物可能的排放源头和排放时间；随后结合上游区域疑似企业排查，进一步锁定肇事企业

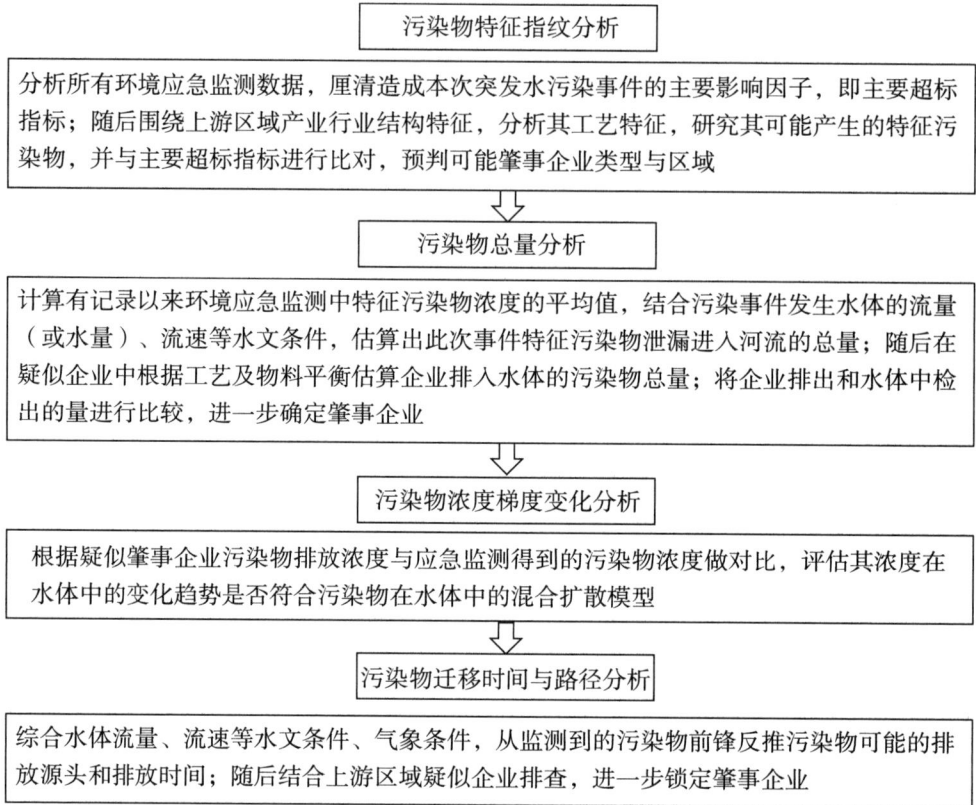

图 2-2　突发污染事故水体污染溯源技术体系

3）依据重点断面的污染性质及各溯源技术的适用范围，确定需溯源监测的指标，制定水体污染物的溯源监测方案；

4）开展水体污染物溯源工作，溯源方法参考溯源方法体系；

5）结合卫星遥感资料对溯源监测数据进行统计分析，划分重点区域和范围，明确主要污染类型；

6）在水文及水质模型中输入数据，模拟不同区域、重点断面、典型污染物的浓度，识别污染关键过程；

7）基于质量平衡法等，对各污染来源贡献进行量化分析，完成源解析过程；

8）设置控制情景，通过模型预测溯源污染物控制效果，提出有效的水体污染控制方案。

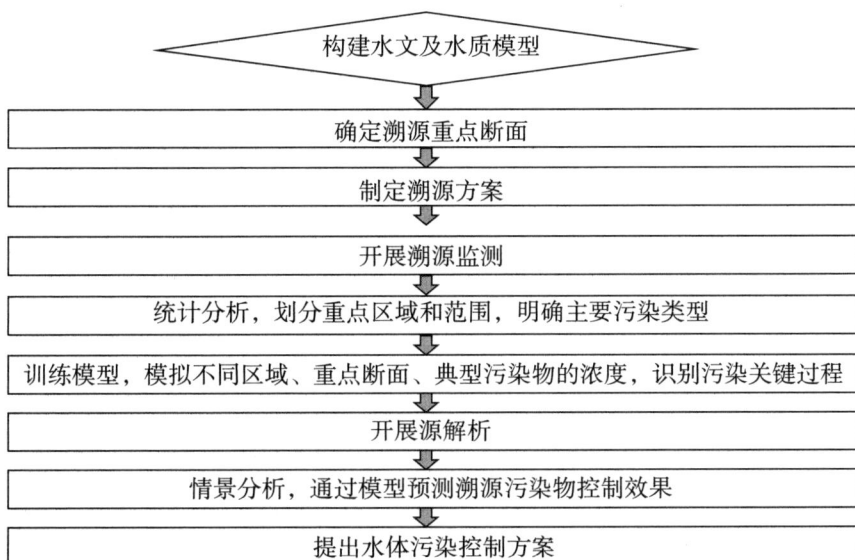

图 2-3　小微水体污染溯源技术体系

2.4　小结

概述水体污染物特征调查方法、范围及时间要求，讨论污染物特征分析方法及关键因子识别方法；调研污染溯源方法包括水化学监测检测法、示踪法、模型模拟法、水纹识别法以及大数据与人工智能技术等的相关研究文献，在此基础上总结污染物溯源方法体系；参考突发污染事故溯源技术方法，提出小微水体污染物溯源技术体系。

第3章 水体绿色治理技术筛选

随着经济发展与人口增加，我国水环境污染问题日益突出。长江流域河湖众多，历经多年开发建设后，传统的经济发展方式没有根本转变，生态环境状况形势严峻，水环境污染问题成为部分地区经济发展的制约之一。当前，城镇及农村地区水环境质量的提升及污染水体的修复逐渐成为区域可持续发展和流域水体管理的主要工作方向之一，而对小微水体的治理更是重中之重。

基于国家水体污染控制与治理科技重大专项、国家重点研发计划、国家科技支撑计划等科技成果库，针对富营养化和黑臭水体问题，筛选出成熟的绿色治理技术若干项；结合长江流域典型水体特征，从技术成效、经济成本及社会效益等方面评估筛选的绿色治理技术，最终提出适用于长江流域小微水体绿色治理的技术清单。

3.1 小微水体治理技术分类

小微水体是江河湖库的毛细血管，整治小微水体对江河水体的净化有着重要意义。关于小微水体治理问题，国外研究大多集中在湿地的污染现状研究和污染防治两个方面，而国内小微水体治理研究主要围绕小微水体污染物来源、污染治理技术手段和污染治理管理手段三个方面展开。由于小微水体的项目分散，治理难度大且原因复杂，诸多学者针对不同小微水体提出多种治理技术及措施。尽管经过一系列综合治理措施，小微水体基本可实现水质提升和生态改善，但受实际情况影响，其周边生活污水治理很难一步到位，即使排口已全部排查改造或封堵，也存在一定的渗漏、溢流等问题，造成小微水体"反复治，治反复"的困境，一旦重新污染，频繁地调水换水难以实现，小微水体就将重新陷入富营养化甚至黑臭的局面。因此，在实践中应借鉴并融合常用的综合治理技术手段，制定一套对小微水体长期稳定有效的综合治理方案，确保在外部环境条件发生变化（如有持续污染输入）时，也能达到水质维持和感官优化的效果。同时，小微水体管护也应常态化、高效化。

黑臭水体水质净化及生态修复成为人们日益关注的焦点。目前，国内外对于小微黑臭水体的整治措施有物理、化学、生物以及生物-生态等方法（刘静思，2023）。

3.1.1　物理法

小微黑臭水体治理的物理技术主要包括截污清淤、调水、曝气充氧等。截污工程以控制点源污染为主，通过从源头将生活及工业废水截流至污水处理设施进行处理，防止废水直排河道。清淤疏浚是指通过机械设备或人工方式清除河湖底部淤泥，从而降低水体污染风险。清淤疏浚可分为干疏浚和带水疏浚：干疏浚是指在疏浚前期将水全部抽干，通常应用于小池塘、小水库、小河道；带水疏浚则多采用挖泥船作业。清淤疏浚可以疏通河道、加大河道水深，起到排涝泄洪、改善水流条件、提升水质等作用。对总长度为 5380m 的黄孝河清除 15.3 万 t 底泥，水体黑臭现象得到明显缓解（吕拥军和时永生，2016）。

调水是利用水利设施调控引入上游或附近清洁水源来改善污染河湖的水质。该措施可以对河道污水起到稀释作用，还可改善河道水动力条件，增加水体含氧量，从而增强水体自净能力。珠海市前山河水力排污冲淤的联合调度显示，大量洁净水源的稀释和交换可显著提升前山河总体水质（黎坤等，2006）。玉环市为消除玉坎河水质劣 V 类现象，从周围水库及污水处理厂引水冲污，通过 3 个月内间歇式引水（238 万 m^3），有效降低水体富营养化程度（项长友等，2019）。同类成功案例还有福州内河引水冲污工程、上海苏州河综合调水工程等（张捷鑫等，2005）。

曝气充氧是一种见效快、无二次污染且投资低的治理技术。对黑臭水体进行人为曝气增氧，可快速提升黑臭水体氧气含量，氧化分解水体中有机物厌氧降解产生的致黑臭物质，如硫及硫化亚铁等，可有效改善黑臭现象。常见技术包括有机械曝气（Cancino 等，2004）、微孔曝气（Rosso 等，2008）、射流曝气（Morchain 等，2000）、微纳米曝气（Agarwal 等，2011）、膜曝气等（Lin 等，2015）。例如，对东莞市石排中心河涌进行为期 63 天的纯氧曝气，基本上消除河道的黑臭现象（张绍君，2010）；珠江水系某一黑臭支涌经曝气后，溶解氧（DO）大幅度提高，生化需氧量（BOD）、总磷（TP）及氨氮（NH_3-N）含量显著降低，达 I 类水质标准（张奎兴和罗建中，2014）；在上海某河段进行原位曝气，水体中 TN、NH_3-N、TP 去除率分别达到 50.5%、46.3%、35.4%（汪建华，2016）；微孔管低强度曝气法使污水中平均 COD、NH_3-N、TP 降低 40%～50%（Wu，2018）；在室内进行河道水表面曝气模拟试验中，表面曝气对 NH_3-N、TN、TP、COD 的去除率分别达 85.9%、64.6%、85%、56.34%（罗茜平，2018）；德国 Emscher 河、Teltow 河、Fulda 河、Saar 河，以及英国的 Thames 河、澳大利亚的 Swan 河治理均采用曝气复氧的方式，有效地提升水体 DO 含量并控制河道水体的黑臭现象（张捷鑫等，2005）。

物理法往往费用较高，易受当地的水利水文条件限制，且不能从根本上解决水体黑臭问题。

3.1.2 化学法

小微黑臭水体治理的化学技术主要包括化学氧化、化学沉淀、强化絮凝、电化学法等。化学氧化技术是向黑臭水体中投加一定量的氧化剂，对污染物进行强氧化分解，从而去除污染物。研究表明，强氧化剂高锰酸钾能改变含氮有机化合物结构，使其易被活性炭吸附去除，同时有效氧化去除还原性铁锰离子、色度以及嗅味物质，并抑制藻类、斑马贻贝等水生生物增殖。电化学法主要采用微生物电解、二维电极、三维电极等方法处理污水（许可等，2017）。采用电化学系统（CES）处理含氮的有机废水，能去除 94.6% 的 COD 和 98.3% 的 TN（Deng 等，2019）。通过电-凝聚（EC）＋电-芬顿（EF）高级氧化组合工艺处理含亚甲基蓝活性染料的废水，总有机碳（TOC）、浊度及色度的去除率分别达到 97%、100% 与 100%（Zazou 等，2019）。

化学沉淀法通过吸附、沉淀、络合、离子交换等一系列反应，将重金属转化成盐类、氢氧化物等难溶性物质，以降低污染物的可迁移性和生物可利用性，从而达到净化水体的作用。其中，磷酸盐、碳酸盐和硅酸盐材料是目前常用的化学稳定剂。

絮凝沉淀技术通过黏土矿物等天然絮凝体，高分子有机絮凝剂及铁、铝等无机絮凝剂，使水中悬浮颗粒物及氮磷等污染物发生吸附沉淀而被去除，短时间内有相对较好的治理效果，但存在二次污染风险。例如，深圳市龙岗河、观澜河、燕川河、大茅河等开展的化学强化一级处理（CEPT），对浊度、COD、悬浮固体（SS）、TP 去除效果较好，对重金属等污染物也有一定的去除效果，处理后水质达到或接近国家地表水水质标准，且药剂用量少（王曙光等，2001）；将活性炭装入小型浮动水处理装置处理池塘污水，48h 后浊度、SS 与 COD 的去除率分别达 94%、92% 与 100%，治理效果显著（Zawawi 等，2017）；比较沸石、麦饭石、硅藻土、膨润土和活性炭 5 种材料对黑臭水体中氨氮（NH_3-N）的吸附性能，发现沸石效果最优，去除率达 100%，因其比表面积大、吸附活性强，吸附 NH_3-N 的同时置换出沸石内部游离的金属离子（焦巨龙等，2019）；按 n（Fe）：n（Al）＝3：1 的比例配制复合除磷剂，在投加量为 100mg/L 时，磷的去除率可达 96.4%（马韩静等，2019）；使用浓度均为 1mol/L 的 NaCl 和 KCl 混合盐溶液，从辣木种子中提取具有絮凝活性的蛋白质制成提取液，对污水浊度和 COD 去除率分别达 82.2% 和 83.05%（Dotto 等，2019）。将 CaO_2 与斜发沸石组合，能去除地表水中99％的NH_3-N（Huang等，2015）；向西安护城河里面积为$600m^2$的封闭区域投撒75kg纯度为76.3％的CaO_2缓释氧剂，TN、TP、NH_3-N的去除率分别达到28.4％、27.5％、42.5％，DO维持在4.0mg/L左右（Wang等，2019）。向无锡市滨湖区一河道投加生物炭和CaO_2质量比为1∶2的匀浆进行了周期为2个月的试验，发现该浆液不但能改善缺氧环境，还能提高水体中磷酸盐的去除效果，并激活生物作用促进氮的同化和去除，且不会对微生物的活性产生负面影响（李雨平等，2020）。

此外，针对小微水体富营养化问题，利用除藻剂等去除藻细胞的实验表明，在$Na_2S_2O_8$和$FeSO_4$质量比为2∶1，$Na_2S_2O_8$投加量为25mg/L，pH值为4时，反应60min后，可使铜绿微囊藻叶绿素a的去除率达到95.38％（Gu等，2017）。

化学方法是小微水体污染治理中效果比较好的方法，但具有二次污染风险，在实际应用中应慎重考虑。

3.1.3　生物法

生物修复技术是指利用生物的净化能力使受污染的河道水体环境恢复到理想状态的方法。目前，国内外小微黑臭水体治理的生物技术包括微生物强化、水生植物修复、底泥生物氧化等。其中，微生物强化修复技术包括生物投泥挂膜技术、投加微生物菌种/微生物促生剂等，促进原始微生物的生长。利用自制的阳离子改性聚乙烯悬浮填料处理模拟污水时发现，在低温5℃时，该填料能富集嗜冷硝化菌，且NH_3-N去除率达90％以上，COD去除率达80％以上（吴涵等，2020）。研究发现，特异性流化床生物膜反应器（SMBBR）对污水中NH_3-N去除率高达96.7％（敬双怡等，2019）。筛选出一种异养硝化细菌a-2，在适宜温度和pH值下，去除黑臭水体中COD和NH_3-N效率分别为89.1％和53.2％（Wei等，2019）。从虾养殖水体中分离出了一种有利于对虾生长的麦氏交替单胞菌，这种菌对NH_3-N和NO_2^--N有较高的去除率，分别为90％和70％（丁雄祺等，2019）。运用微生物厌氧氨氧化技术异位处理黑臭河水，该河总长864m，水量约为$15271m^3$，COD、NO_3^--N、NH_3-N、NO_2^--N的最高去除率分别为68.99％、60.41％、75.54％、60.41％，达到地表水Ⅴ类标准（耿亮，2011）。

水生植物修复是一种应用广泛、环境友好的修复方法，主要通过水生植物的微生物转化、吸收、物理沉降和吸附等，去除水体磷、氮、悬浮颗粒，同时对有机物进行分解和吸收，将重金属通过吸收富集去除。比较了4种植物对富营养化水体的净化效果，发现黄花水龙对NH_3-N的去除效果最佳，达92％；凤眼莲对TN、NO_3^--N、NH_3-N的去除率分别为77.2％、82.2％、87％；苦草对NH_3-N去除率达71％；而莎叶草虽然使各污染物浓度有一定的降低，但效果不明显（Ji 和 Wang，2013）。研究发现，金鱼藻净化黑臭河道水质的效果取决于其水力停留时间（HRT），当 HRT 为 24h 时，金鱼藻对 TP、TN、NH_3-N、COD 的去除率分别为 74.46%、77.09%、81.63%、75.81%；而当 HRT 为 12h 时，各指标去除率相差不大（刘晓波等，2018）。沉水植物可通过化感作用抑制藻类生长（王苏鹏等，2019），增加水体底部的溶解氧含量，减少水体黑臭现象的效果明显优于挺水和浮叶植物，但沉水植物的修复效果易受到水体透明度的影响。

底泥生物修复是将药物或微生物投到底泥表面，利用电子受体、微生物等组合技术来提高底泥的生物降解能力。结果表明，采用含有 CaO_2 和过硫酸钠的复合药剂和曝气联合修复黑臭底泥后，水体中 COD、NH_3-N、TP 的最大去除率分别为 74.07%、90.53%、92.63%，DO 和 pH 值分别为 8.40mg/L 和 7.90，水体透明度大大增加，消除了黑臭现象（顾鹏飞，2018）。

3.1.4　生物-生态法

生物-生态法是一种通过构建河流完善营养级的生态系统，从而恢复原有生态系统的方法，包括曝气生态净化方法、生物栅修复技术、稳定塘技术等（陈家伟等，2021）。

曝气生态净化的原理是将生态与人工净化结合，把水生生物作为主体部分，再辅以曝气系统，利用曝气复氧和水生植物光合作用复氧作为小微水体中的氧气来源，通过各类生物形成一定的食物网，利用微生物及水生动植物的协同作用去除水体中污染物。

生物栅是在生态浮床、人工快渗和人工湿地的基础上发明的放置在黑臭水体中的装置，为参与污染物净化的微生物、原生动物、小型浮游动物等提供附着物，通过各种生物共同作用，对污染物等起到拦截、吸附及沉降作用，可以达到高效、快速的治理效果。将改性后的煤渣、沸石、聚乙烯醇按比例混合，制成新型吸附剂和生物载体，与芦苇浮岛结合处理微污染水产养殖水，当水流条件为 10L/h 时，NH_3-N 和 COD 的去除率分别为 67.3% 和 71.3%（Tian 等，2016）。人工浮岛＋菠菜组合对 TN、TP、NH_3-N 的去除率分别为 75.9%、94.3%、90.5%，而人工浮岛＋木屑组合对 NH_3-N 和 SS 的去除率分别为 77.5% 和 74.2%（Fahim 等，2019）。

目前，我国黑臭水体治理较系统的思路为《城市黑臭水体整治工作指南》中所提出的在污染源和环境条件调查基础上，进行控源截污、内源治理和生态修复，同时辅以活水循环、清水补给等其他措施。其中生态修复措施主要包括岸带修复、生态净化和人工增氧三类（薛莲，2017；张显忠，2018；吴娜娜和何洋，2019；刘敏等，2020）。现有将生态护岸建设、生境塑造、微生物、生态浮岛及其他新型技术囊括到黑臭水体生态修复中的成功案例（张碧莹，2019；郑进熙，2019）。

在小微黑臭水体治理中，稳定塘/氧化塘处理技术是一种比较实用的技术，它利用微生物分解、水生生物和重力沉淀的作用对黑臭水体进行净化处理。国内外小微黑臭水体治理除了利用传统稳定塘技术外，还可能使用生态稳定综合塘，即在前处理的基础上，采取人为加氧、生态恢复、底泥的强化修复等技术手段，对黑臭水体进行高级生态修复，可以有效消除小微黑臭水体中的污染物。

生物-生态组合修复技术优点是在黑臭水体整治中，治理效果持续久、工程造价低，能促进景观提升，缺点是处理效果较易受气候等外部环境条件影响，同时后期的运行维护费用较高。

3.1.5 复合技术法

利用传统的物理、化学及生物法治理小微黑臭河水各有利弊，虽然可以抑制黑臭水体的进一步严重恶化，但是部分水体内源污染的整治效果不容乐观，水体净化效果不稳定，可能会导致河道返黑返臭。生物-生态修复法有很好的自然适应性，可与控源截污、人工曝气、清淤疏浚等技术结合，形成综合的化学＋物理＋生物（或微生物）修复技术。一种包含矿物材料、底泥、微生物、沉水植物的生态介质箱被用于处理劣Ⅴ类河道污染水体，经 63d 试验，水体中 TN、NH_3-N、TP、COD_{Mn} 的去除率分别达到 78.8%、93.8%、67.3%、89.3%，均优于传统浮床技术（郭炜超等，2019）。利用集超微孔软管曝气技术（RSH）和生物处理技术（AOS）于一体的装置原位修复黑臭水体，其对 COD、NH_3-N 的去除率分别为 79.23%、87.51%，水体透明度由 4cm 提高到 30cm，出水水质达到Ⅴ类水标准（季亦强等，2018）。利用生物膜-磁分离装置处理黑臭河水时，该装置内含有生物绳填料用于形成生物膜，聚合氯化铝（PAC）和聚丙烯酰胺（PAM）用于絮凝，磁种（Fe_3O_4）用于吸附污染物并加快絮凝体沉淀，出水 NH_3-N、TN 和 COD_{Mn} 的去除率分别约 90%、60% 和 90%（常清一和陈小英，2019）。利用 SediMag™ 磁絮凝沉淀除磷技术异位处理城市污水，能够高效除去 SS、TP 等污染物，去除率分别达到 98.75% 和 85%，目前该技术已运用于即墨污水处理厂，也可尝试用于小微黑臭河道水体的异位处理（霍槐槐，2017）。

单一的物理、化学或生物技术虽在一定程度上能起到净化水体的作用，但已无法满足日益复杂的环境需求，甚至陷入了技术瓶颈。因此，两种及以上技术的联用，或者利用其他相近领域的成熟技术进行改进，已成为污染小微水体综合治理技术开发和应用的发展趋势之一。但在经济成本、使用条件和社会环境等因素的限制下，一些发展成熟并能成功运用于各自领域的技术却很少在实际的黑臭小微水体中运用，如何克服其实际应用中的不确定因素、降低水处理成本、有效去除污染物已成为研究者们所关注的重点和难点。

3.2 富营养化水体治理技术筛选

3.2.1 景观缓滞水体群生态功能提升技术

3.2.1.1 技术研究背景

莲石湖最大水深为 8m，平均水深约 3m，上游来水极不稳定，呈现水体流动性差、缓流区域分布较广的特点，为典型的城市景观缓滞水体。在外调补水影响下，莲石湖水环境质量有所好转，但其内部缓流区域水体仍存在水华现象。借助大流量补水措施能够降低湖区水体内藻密度及生物量，但此措施仍无法改善区域缓滞水体内部水华频发现象。

3.2.1.2 基本原理

以人工景观蓄水河段的生态功能单元优化为目标，开展河道大型人工景观水体群水量、水质、生境与生物综合调查监测，解析景观缓滞水体不同水域单元生物因子与非生物因子之间的内在作用机制，揭示景观水体水质生态净化时空分异特点，总结形成河道大型景观水体的生态设计技术参数。研究水动力、水质与水生生物群落响应特征，辨识景观缓滞水体典型生物链的类型、营养结构及主要功能组团，识别对氮磷等具有较强净化能力，或对富营养化藻类种群生长具有显著生物密度制约效应的生物链类型，选择复合生态浮动湿地技术、水循环复氧技术、微生物菌剂投放、人工水草布设、水下森林构建技术等原位净化技术进行关键参数优化和技术组合，研究景观缓滞水体水华预警指标与阈值，提出水华应急原位处理技术，从人工景观水体生态净化功能单元评估、人工景观缓滞水体流态调整与分区水力协同调控、景观缓滞水体水质净化、景观水体群水华预警及应急处置等方面开展河道大型人工景观缓滞水体群生态功能提升。

3.2.1.3 工艺流程

（1）人工景观水体生态净化功能评估

综合应用原位监测、区域调查等技术方法，开展河道大型人工景观水体群水量、水质、生境与生物综合调查监测，解析景观缓滞水体不同水域单元生物因子与非生物因子之间的内在作用机制，揭示景观水体水质生态净化时空分异特点。

（2）人工景观缓滞水体流态调整与分区水力协同调控

围绕缓滞水体生态净化能力整体提升的水力条件分区控制与调控目标，提出不同来水条件下水力优化调控方案，开展流态调整与分区水力协同调控，为景观缓滞水体水质改善与水华控制创造良好的水力条件。

（3）景观缓滞水体水质净化

针对景观缓滞水体水质难以稳定达标、水华易发问题，开展景观缓滞水体水质净化集约化处理处置及生物链调控。

（4）景观水体群水华预警及应急处置

研究景观缓滞水体水华预警指标与阈值，筛选生态抑藻剂、研发超声除藻系统，开展水华应急原位处理。

3.2.1.4 实施效果

该技术在莲石湖开展示范应用，在示范工程运行前，莲石湖湖区富营养化经常发生，2019 年监测结果表明，7—9 月莲石湖湖区叶绿素 a 超过 $100\mu g/L$ 的现象时有发生。示范工程稳定运行后实现了 $104hm^2$ 水域水华（叶绿素 a＞$100\mu g/L$）发生频次低于 5 次/a、面积控制在 $20hm^2$ 的治理目标（附图 3-1）。

3.2.2 湖泊蓝藻水华仿生过滤/磁分离/原位深井控制成套技术

3.2.2.1 技术研究背景

梅梁湾南北长 12～17km，东西宽 7～10km，以马山的钮头和拖山岛一线为界，面积约 $123.8km^2$，水位 3m 时，平均水深 1.95m，容积 $2.41m^3$。梅梁湾南部与太湖大湖区连接，东北部有梁溪河、五里湖注入，西北部与武进港、直湖港有水力联系。梅梁湾的污染主要来自这些河流，经运移变化，影响整个湖湾。太湖夏季盛行东南风，外太湖的蓝藻容易聚集在位于太湖北部的梅梁湾，水体富营养化使得蓝藻大量繁殖而引发水华，会影响周围地区的供水、破坏水体景观，制约周围地区的经济发展。

3.2.2.2 基本原理

该成套技术由 2 个关键技术和 1 个支撑技术组成，即大型仿生式水面蓝藻清除技术、原位深井压力控藻技术和藻水磁分离高效脱水技术。利用该成套技术能高效聚集藻类，处理规模大、藻水分离效率高，适用于不同类型水域及不同程度水华蓝藻控制。该成套技术能够有针对性地对每项目标所涉及的水域进行精准控制，全面实现蓝藻水华控制目标。

3.2.2.3 实际应用效果

江苏省梅梁湾梁溪河口表层水体蓝藻颗粒物清除工程采用隐没式喇叭口围隔实现蓝藻高效聚集，通过负压吸进 70m 以上深度的控藻井，使富藻水在水下 50～70m 深度受压，压力达到 0.5MPa 以上，时间超过 20 s，蓝藻细胞内的伪空胞破裂失去上浮特性，蓝藻漂浮和增殖能力下降 70% 以上，沉入湖底蓝藻生物体采用蓝藻清除船进行吸除，确保沉藻区水质安全。将其他少量残余的漂浮藻颗粒通过打捞并原位脱水成藻泥，进行厌氧发酵产酸等藻泥深度资源化利用。该技术是一种新型杀藻理念和工艺，富藻水被负压漩涡大量吸入，不需要专门施加外部压力，富藻水处理量大，加压过程无能耗、效率高、运行成本极低。直径 2m 的单井能耗 $<$ 0.01kW·h/m³、藻水处理能力 $>$ 86000m³/d。工程投资成本 1128 万元，运行成本 0.03 元/m³。该技术有效缓解了蓝藻聚集后来不及打捞导致的腐烂发臭现象，实现了水华发生水域蓝藻聚集的"日聚日清"，社会环境效益显著。2020 年，该技术列入工业和信息化部、科学技术部、生态环境部联合制定的《国家鼓励发展的重大环保技术装备目录（2020 年版）》。

"十三五"期间，该成套技术在巢湖成功进行了工程示范。其中在合肥派河河口配置了 3 套仿生式蓝藻清除设备，在西巢湖湖滨带、西坝口巢湖市自来水厂取水口、中庙、白石天河和派河口以南湖区等配置了 5 台藻水磁分离高效脱水设备，在派河口北侧至丙子河附近水域配置了 1 座原位深井压力控藻平台，累积处理规模达 22 万 m³/d，蓝藻去除率达到 85% 以上，TP 达到或优于地表水 II 类标准，工程运行期间西巢湖湖滨沿线没有长时间大面积的蓝藻堆积及散发藻源性臭味。

3.2.3 物理-生物联用蓝藻水华防控成套技术

3.2.3.1 技术研究背景

巢湖是全国五大淡水湖之一，近年来受地形、降水、江湖关系和人类活动等影响，巢湖流域水旱灾害、水质污染、水系萎缩、湿地消失、生态退化等问题较为突出，是全国水污染重点防治的"三河三湖"之一。派河位于巢湖西北部，为主要入湖污染支流之一，流域面积 585km²，年均入湖水量 1.75 亿 m³。派河流域涉及合肥市的肥西县、蜀山区、高新区及经开区，聚集约 60 万人口和数千家工业企业，大量污水注入派河使其成为重污染河道，对巢湖水体质量影响较大。派河是引江济淮工程穿越江淮分水岭前必经通道，其水质状况也影响引江济淮工程输水水质安全，迫切需要实施水环境治理与保护。

3.2.3.2　基本原理

本成套技术优化集成了围隔拦藻、湖底抽槽、机械捞藻、湿地拦截滞留与抑制降解、水生植物抑藻、水生动物控藻 6 项技术。结合蓝藻预测预警结果，当水体蓝藻生物量较大、天气晴好、风速较低（<3.1m/s）、防控区域处于下风向时，需要开展防控。主要技术流程如下。

首先，在防控区外围构建可隐没式充气围隔或挡藻放藻式固定围隔，防止大湖面源源不断蓝藻侵袭防控区；其次，针对污染严重和富含藻种的沉积物，结合湖泊底层流场扫动作用，开挖底槽去除污染底泥和藻类种源；然后，在围隔内部开展高强度机械打捞，并在近岸的离岸区域重建芦苇湿地；最后，利用水生植物抑藻和水生动物控藻功能，维持水生态系统清水健康状态，并利用改性土壤和富氧沙技术改善水质。

3.2.3.3　实际应用效果

该技术被用于巢湖派河河口蓝藻防控与生态修复，该工程位于派河入巢湖口北侧派河大桥以北、环湖大道以东、巢湖迎水侧湖滩上。工程初设概算总投资 3917.87 万元。工程建设设计范围包括河口区域长约 1.0km、宽度 300～500m 的湿地植物修复，其中核心保护区宽度 300～500m，修复面积约 830 亩（1 亩≈666.7m²，下同），外围防御区面积约为 3600 亩。针对富营养湖泊大湖面向湖滨区漂移聚集的高浓度蓝藻水华，采用防控区外侧湖底抽槽、智能围隔拦挡、仿生捞藻船打捞、振动叠筛除藻设备清除湿地内部蓝藻，湿地拦截滞留与降解转化蓝藻，水生植物抑藻，水生动物控藻等技术进行蓝藻水华全过程防控，消除蓝藻水华胁迫植物生长因子，促进湖滨湿地重建；同时采用湖滨湿地重建技术，修复湖滨湿地生态系统。该工程实施后，蓝藻水华削减 60% 以上，水华发生频次和面积削减 50% 以上，内部水体蓝藻削减 90% 以上，挡藻效率 70%～80%，有效削减防控区周边 400m 范围内湖底表层高污染底泥，叶绿素 a 平均最大削减 50% 以上，有机质平均最大削减 30% 以上，TN、TP 平均最大削减 40% 以上，水质达到地表水Ⅲ类标准，修复区内生物多样性得到显著提高。仿生式除藻设备处理能力 500～1000t/h，振动叠筛除藻平台处置能力 1560～3120t/d，绝干泥处理量 50～160kg/h。工程投资 3917.87 万元，运行成本 150 万～200 万元/a。保障了重点敏感水域（渡江纪念碑、长临河近岸水域）无蓝藻水华和蓝藻异味。水质和生态景观得到改善，大大提高周围土地利用价值，促进和带动周边旅游业的发展，产生了较大的经济效益。对我国大型水体蓝藻水华的治理发挥指导性的作用。

3.2.4 藻类生物控制与水华应急处置整装技术

3.2.4.1 基本原理

本技术在"十一五"水专项和其他水体蓝藻水华去除技术研发的基础上，通过技术筛选，提出了适宜洱海低浓度蓝藻水华控制与去除的滤食性食藻鱼类鲢鳙控藻技术、藻食性浮游动物控藻技术、移动式仿生水面机械除藻船除藻技术、移动式蓝藻水华陷阱除藻技术和表面蓝藻水华絮凝自体上浮打捞技术等 5 项技术，通过集成创新，形成一套藻类生物控制与水华应急处置关键技术，并在洱海中蓝藻水华主要聚集区和迁移路径上集中示范。其中鱼类和浮游动物控藻技术是利用水生生物之间的食物关系和生态系统内部的生物转换作用，逐步削减蓝藻水华的生物量，具有长效的生态效应。陷阱除藻、机械打捞和絮凝除藻等技术是对藻华生物量的直接去除，具有应急效应。因此，本技术关键是藻类水华生物控制、机械打捞、物理除藻有效组合，既能够形成短期的应急效应，也具有长效的综合控制作用。

3.2.4.2 工艺流程

技术工艺流程见图 3-1。

（1）围网导流

采用柔性围格，沿藻类水华迁移方向布置，引导蓝藻水华定向移动到蓝藻陷阱。

（2）陷阱浓缩

采用防水布材料，可移动式布置，收集、浓缩、储存蓝藻。采用蓝藻陷阱实现。

（3）蓝藻絮凝

采用环境友好的絮凝剂和附着材料，将陷阱内的蓝藻进行絮凝处理。采用蓝藻絮凝上浮技术实现。

（4）打捞去除

采用移动式仿生水面机械除藻船将蓝藻打捞出水。采用人工打捞絮体实现。

（5）鱼类控藻

利用水生生物之间的食物关系和生态系统内部的生物转换作用，逐步削减蓝藻水华的生物量。

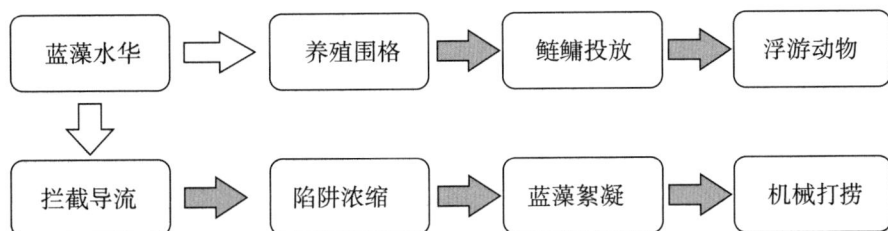

图 3-1　藻类生物控制与水华应急处置整装技术工艺流程

3.2.4.3　实际应用效果

应用单位：大理市洱海保护管理局。

2014 年移动式蓝藻水华陷阱除藻技术示范项目实际运行 2400h（100d），处理水量 37 万 m³，理论除藻鲜重 5550kg。实际运行中被富集的高富藻水达到了 55000kg，理论平均生物量为 100900mg/L，实测均值仅为 3250mg/L，因此实际除藻鲜重为 178.8kg。

2014 年，通过大理州的地方配套资金，购买了 1 条南京生产的 YL500 型仿生式水面除藻船，将其布设在蓝藻较为集中的双廊等重点湖湾，用于洱海的蓝藻水华应急处置。2014 年共除蓝藻富藻水 85t。2015 年再次购买 2 条该型号的除藻船。将这 3 条船分别布设在洱海的海心公园（南部）、古生村（中部）、双廊（北部）。从 9 月开始工作，每天工作 10h，收集 5～7t 的藻液。经测定，藻液的叶绿素 a 浓度为 846.6～5026μg/L。藻类干重 199～836g/m³。经估算，3 条船已收集约 400t 藻液，若换算为干藻，是 230kg。

2015 年移动式蓝藻水华陷阱除藻技术示范项目实际运行 1800h（75d），处理水量 27 万 m³，理论除藻鲜重 4050kg。实际运行中被富集的高富藻水达到了 40000kg，理论平均生物量为 101250mg/L，实测均值仅为 4735mg/L，因此实际除藻鲜重为 189.4kg。拦截区内叶绿素 a 浓度达到 52.6μg/L，拦截区后面，叶绿素 a 浓度达 23.2μg/L，水清澈，可明显见到水草。由此可以推算围隔的拦截效率为 44.1%。

2015 年 6 月，开始在双廊水域采用浮子式陷阱拦截技术。10 月 20 日，蓝藻水华发生时，拦截区内叶绿素 a 浓度达到 44.4μg/L，拦截区后面叶绿素 a 浓度达到 20.8μg/L，水清澈，可明显见到水草。未拦截区的叶绿素 a 浓度达到 30.5μg/L。表明拦截效果明显。

2015 年 6 月，开始在桃园码头水域采用浮子式陷阱拦截技术。10 月 20 日，蓝藻水华发生时，拦截区内叶绿素 a 浓度达到 27.5μg/L，拦截区后面，叶绿素 a 浓度达到 23.8μg/L。拦截效果并不明显主要是由于该区域风浪较大，且外部藻类水华较少。

2015 年，开始在洱海开展以银鱼为捕捞调控对象的全湖鱼类调控技术示范。在每年 6—7 月，设置特许捕捞期 1 个月，以加大洱海银鱼种群的捕捞强度，从而达到逐步削减银鱼种群数量的目的。

2015 年 10 月，表面蓝藻水华絮凝自体上浮打捞技术陷阱内叶绿素 a 浓度达到了 7635μg/L。处理 30 分钟后，叶绿素 a 浓度下降到 70μg/L，水体透明度上升到 1.3m，水华蓝藻被絮凝上浮呈团块状。用网可以直接富集打捞。

2017 年 1 月，开始在洱海北部红山湾水域-鳌山湾开展鱼类生物控藻的原位示范。围网面积约为 0.7km²（约 70hm²），根据全湖放养密度，成活率按照 75％计算，实际投放鱼类约 20t，鲢鳙鱼类规格为 250～400g/ind.。

水质的改善将大大削减流域医疗健康方面的经济支出，具有显著的经济效益。此外，项目实施后，随着水质改善、生态恢复及景观形成，洱海沿岸的秀美风光、少数民族的风土人情，必将吸引来自全国各地的游客，促进旅游业的蓬勃发展。

3.2.5 富磷流域磷污染综合治理和水华控制技术体系

3.2.5.1 技术研究背景

香溪河位于湖北省西部，总面积为 3099km²，全长 97.3km，途经兴山县（约 78km）至秭归县，由河口处汇入三峡大坝，是三峡库区坝首的第一大支流。香溪河发源于神农架，有东西二源：东源在神农架林区骡马店，叫东河或深渡河，全长 64.5km；西源在大神农架山南，叫西河或白沙河，河长 54km。东西两河在兴山县高阳镇昭君村前的响滩汇合后，始称香溪河。

三峡水库蓄水后，水位抬升使香溪河秭归县香溪镇至兴山县昭君镇段变为库湾，由于流速减小，香溪河库湾多次发生藻类水华。

3.2.5.2 基本原理

该技术体系主要由优化集成面源磷流失生态阻控技术，人工高效立体脱磷水生态系统配置技术，基于源头控制、过程阻断和末端处置的水华暴发过程关键阻断技术集成以及水华生物量的有效清除和科学处置技术组成。

（1）优化集成面源磷流失生态阻控技术

由坡面汇水沉沙系统、坎篱组合系统、生态净化沟渠、径流坡岸湿地组成。采用横向坎篱组合与生态沟渠组成一级屏障阻挡坡耕地泥沙流失；构建金银花"品"字形生物篱种植模式；构建坡降为 1％并搭配种植多年生狗牙根和黑麦草的生态净化沟渠；径流坡岸湿地作为二级屏障削减净化径流中磷素污染物，筛选石灰石富磷填料及美人蕉和菖蒲富磷湿生植物。使用该技术的目的是解决强降雨条件下陡坡耕地磷流失量大的问题。

（2）人工高效立体脱磷水生态系统配置技术

通过小试和中试筛选确定对水体磷有明显富集效果的植物，构建新的搭配种植模式：风车草、美人蕉等挺水植物＋水芹等湿生植物＋金鱼藻为主的沉水植物；研究由人工水草、铁砂、钢渣、蛭石等人工吸附材料组成的高效除磷生态栅体构建技术，按钢渣∶蛭石质量比＝11∶20 配置，通过物理吸附和化学吸附作用富集水体中的磷，促进水面植物吸收利用磷；通过植物收割达到削减 TP 的效果；冬季通过增加高效除磷生态栅体提高示范工程的富磷效果。该技术的目的是解决目前缺乏适应三峡水库水文及生态环境特征的水体磷削减相关技术的问题。

（3）基于源头控制、过程阻断和末端处置的水华暴发过程关键阻断技术集成以及水华生物量的有效清除和科学处置技术

构建库湾立体结构：水面植物浮床技术和水下人工强化自然生物膜技术；比选确定以人工强化自然生物膜最佳载体材料为组合填料；清除水生植物和生物膜。利用壳聚糖改性香溪河原位沉积物的方法研制生态除藻剂，确定最佳配比为 1g/L 壳聚糖＋5g/L 香溪河原位沉积物。该技术的目的是解决受库湾支流水位波动和季节性影响的水华暴发控制的技术问题。

3.2.5.3　实际应用效果

该技术体系应用于香溪河流域（兴山段）环境综合整治工程。工程实施区 757.7 亩陡坡耕地农业面源磷的流失量降幅达 55.41%；建成 5050m² 人工高效富磷水生态系统，实现工程区域内 TP 浓度降低 15.19%；建成内源磷释放控制区 7385m²，达到良好的内源磷释放控制效果；香溪河藻类水华控制工程建成后，藻类水华暴发频率较建设前降低 44.4%，水华覆盖面积减小 30.9%，TP 浓度下降 17.8%，整体实现全流域磷污染负荷减少 10%～15% 和水华防控目标，水华暴发频次下降，范围明显缩小。

3.2.6　丝状藻类异常增殖生态控制及内源污染物释放控制技术

3.2.6.1　技术研究背景

2002 年和 2006 年杭州市分别启动了"西湖西进"工程和水生植被生态修复工程，增建了湖西的茅家埠、浴鹄湾、乌龟潭和金沙港四大湖区，西湖绿藻门种类所占比例上升，蓝藻门种类所占比例下降，水体营养状态逐渐由富营养向中营养水平转变。然而，随着水质的好转，西湖湖西沿岸带出现了着生丝状藻水华，不仅影响水体景观，

而且附着在已经恢复的水生植被表面，通过营养竞争、遮光作用、物理破坏和化感作用等降低沉水植物恢复率。

3.2.6.2 基本原理

"十一五"期间，杭州西湖湖西水域恢复了水生植被复合群落，初步形成了清水草型湖区。但由于处于恢复初期，系统本身十分脆弱，动物的牧食，着生藻类的异常增殖，硬底质、高有机质复合因子共同控制水生植物扩繁。针对以上问题，通过长时间的技术攻关，形成了低等植物异常增殖生态控制的综合技术。该集成技术由沉水植物斑块镶嵌格局优化与稳定化控制技术，耐牧食沉水植物群落构建技术，硬底质湖区生态基底改良技术，高含水率、高有机质的底质营养盐释放控制技术等关键核心技术组成。

3.2.6.3 工艺流程

通过原位跟踪监测藻类种群动态和实验研究，分析水体中着生藻类（颤藻、水绵）异常增殖并形成水华的关键诱发因子，探索生态调控技术，工艺流程见图3-2。综合调研沉水植物的生物学特征及生活习性，根据沉水植物生态位时空异质、功能一致性调控原理，通过生态基质改良、添加锁磷剂等措施解决硬底质和高含水率、高有机质、香灰土底质湖泊中沉水植物着根难、易漂浮等问题。营造沉水植物耐牧食生境，创造植物篱栅抵抗喜食鱼类的牧食，创造沉水植物斑块镶嵌格局，充分占据水下生态位，利用沉水植物与着生丝状藻类竞争光照、营养盐、溶氧及生长空间等生态资源，同时利用沉水植物对着生藻类的化感作用，最终达到有效控制着生藻异常增殖的目的。

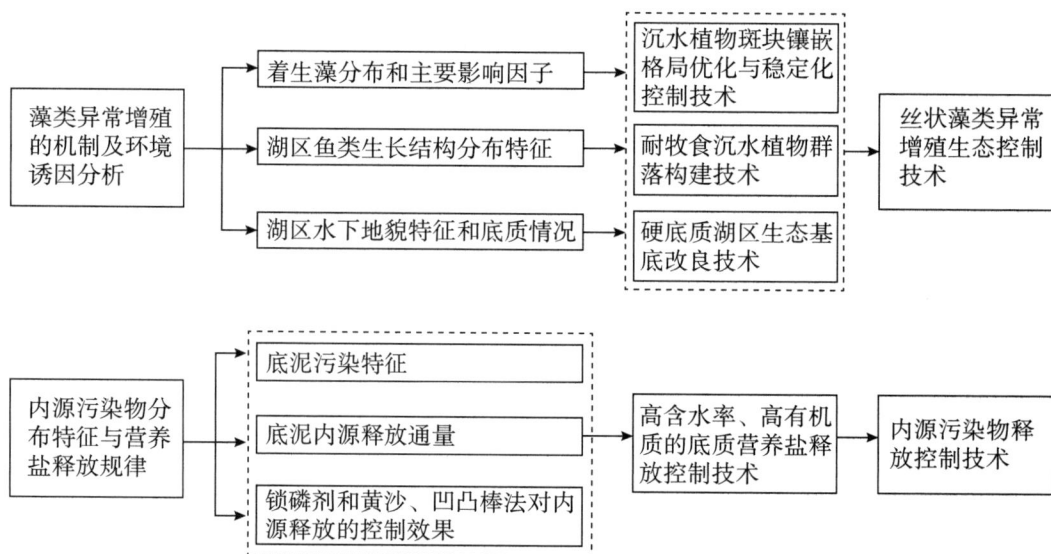

图3-2 丝状藻类异常增殖生态控制及内源污染物释放控制技术工艺流程

3.2.6.4　实际应用效果

（1）西湖茅家埠水域的沉水植物稳态维持工程

在茅家埠、乌龟潭和小南湖开展了低等植物异常增殖生态控制示范工程建设。在茅家埠沉水植物恢复示范区应用了沉水植物斑块镶嵌格局优化与稳定化控制技术，沉水植物增加了轮叶黑藻、微齿眼子菜、马来眼子菜和篦齿眼子菜等 4 种；在乌龟潭沉水植物恢复示范区针对该水域草食性鱼类多的特点，使用了沉水植物耐牧食生境营造技术，优选植物搭配，沉水植物种类增加了黑藻、苦草；在小南湖沉水植物恢复示范区针对小南湖香灰土底质以及部分区域底质硬的问题，使用生态基质基底改良技术对沉水植物恢复区进行底质改造，增加了穗花狐尾藻、五刺金鱼藻、苦草、菹草、轮叶黑藻、微齿眼子菜等 6 种沉水植物。

示范水域中沉水植物恢复面积大于 30%。着生藻细胞密度值降低了 2 个数量级，叶绿素 a 的浓度平均下降了 80% 以上，从而促进了西湖湖西水域和小南湖水域水质的进一步提升和水生态系统结构功能的持续稳定。

（2）湖北省武山湖湿地公园生态修复工程

该技术在湖北省武山湖湿地公园生态修复工程中得到推广应用，取得了良好的效果，工程现场照片见附图 3-2。

3.2.7　湖湾蓝藻高效防控集成技术

3.2.7.1　技术研究背景

巢湖为我国五大淡水湖之一，位于安徽省中部，属于长江水系下游湖泊，是我国水污染防治的重点水体，水域面积约 787.4km²。

近 30 年来，随着流域内人口的增加，工农业生产的迅速发展，城镇大量工业废水、生活污水排放入湖，导致湖水的营养盐和有机质浓度增加，湖泊富营养化进程加快。2014 年监测结果显示，巢湖湖体总体处于轻度富营养状态，其中西半湖为中度富营养状态，东半湖为轻度富营养状态。

3.2.7.2　基本原理

富营养化迎风湖湾夏季易聚集漂浮藻体、冬季易向水底沉降藻体。藻类春夏季形成水华与区域藻体聚集和越冬藻体在底泥表层的滋生有关，研发智能挡藻导流围隔聚集浓缩藻体，利用底泥翻压灭藻可在一定程度上实现迎风局部湾区的水层-泥层立体化高效控藻。

智能挡藻导流围隔通过接收污染事件预警系统提供的信号远程控制可隐没式围隔充/放气，充气使围隔浮现于水面，拦挡导流水面漂移蓝藻；由储气系统提供微量气体维持充气浮体长时间运行；排出浮体中的空气使围隔迅速隐伏于水底，便于水流交换和躲避风浪。在蓝藻聚集一侧采用大流量富集浓缩抽藻平台富集浓缩蓝藻，抽藻平台是可移动且兼具汇集、汲取和浓缩功能的抽藻平台，通过推流器形成三维流场，远距离汇集富藻水；汲取的富藻水通过平流式鳃式滤池，藻类经浓缩聚集后被高效清除，从而避免沿岸带聚集蓝藻死亡腐烂污染环境（图3-3）。

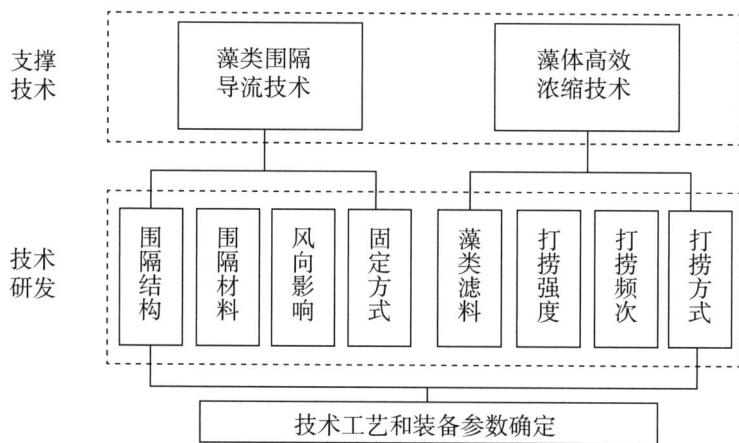

图 3-3 湖湾蓝藻高效防控集成技术

3.2.7.3 工艺流程

智能挡藻导流围隔由快速充/放气的可隐没式柔性围隔、污染事件预警系统和充气浮体控制系统组成。智能挡藻导流围隔采用整体弹性布设方式，垂直方向和水平方向均保持一定的松弛度，应对风浪揉搓。可隐没式柔性围隔由连续带状充气浮体、墙布、锚固装置三部分缝合而成，其中连续带状充气浮体通过导气管连接充气浮体控制系统；充气浮体控制系统包括充气装置、储气设备、压力传感器和控气阀，通过导气管连接，压力传感器监测储气设备中气体的压力；污染事件预警系统包括环境传感器和微机控制系统，其中微机控制系统接收环境传感器和压力传感器的信号，并向充气装置传送控制指令。

大流量富集浓缩抽藻平台工艺流程：全封闭载体平台前端的分离舌板下安装一排10台推流器，形成$5m^3/s$的流量，通过流场汇集一定范围内的蓝藻；通过分离舌板分离出上层富藻水，利用汲藻泵汲取（$500m^3/h$）；在平流状态下通过池底鳃板进行沥水浓缩，利用自动清洗机构将鳃板表面蓝藻向后推移并冲洗鳃板防止堵塞；在艉部，浓缩藻液经由集藻槽和导管进入藻液箱，通过输送泵和连接软管进入陆上输藻管；由陆基电源通过拖缆提供电力。

3.2.7.4 实际应用效果

应用单位：合肥市包河区环境保护局。

中国科学院南京地理与湖泊研究所研发的巢湖蓝藻卫星遥感监测设备、智能挡藻导流围隔和大流量富集浓缩抽藻平台在巢湖西部湖湾得到应用。利用巢湖蓝藻卫星遥感监测数据制作并连续发布巢湖蓝藻卫星遥感监测报告 633 期，为智能挡藻导流围隔运行提供预警信号。智能挡藻导流围隔中试工程根据地形、风浪、湖流、水位等自然因素和蓝藻漂移规律，沿巢湖西北部南淝河西侧湖岸向马家渡桥外 600m 处布设智能围隔系统，总长为 1500m（松弛度系数 1.2），岸基智能供气系统配备 2.2 kW 微型柴油发电机带动空压机供气，向 $2m^3$ 缓冲储气系统加压，采用压力感应智能控制单元控制整个系统运行。大流量富集浓缩抽藻平台搭载 $5m^3/s$ 推流机组、$500m^3/h$ 汲藻泵组、大型鳃式浓缩池，藻水浓缩倍数 5 倍，最小作业水深 0.3m，具有极强的远距离富集除藻能力，尤其适合于清除浅滩湿地水域的蓝藻（包括腐烂浓藻浆）。这些设备应用于毗邻合肥滨湖国家森林公园的巢湖水域，拦截由南部湖区漂移过来的蓝藻，对景观水域的蓝藻进行全程控制，确保该水域优良的水体景观环境。

根据第三方监测报告，巢湖管理局环境保护监测站对围隔藻体收集示范工程建成稳定运行后，监测结果表明，TN 和 TP 去除率分别为 15.70% 和 30.75%，藻类去除率为 35.48%，以此核算氮磷削减量分别为 38.9t 和 4.16t。该项技术在城市水源水体蓝藻治理、湖泊蓝藻水华早期防控、生态修复期间的深度控藻领域具有广阔的应用前景。

3.2.8 高效气浮-快速过滤-在线柔性立体式组合生态床集成净化技术

3.2.8.1 技术研究背景

海河是典型的北方城市河流，干流西起红桥区的子北汇流口，东流经市区、近郊区及滨海地区，北岸东丽区，南岸津南区，贯穿滨海新区塘沽镇，于大沽口入渤海，全长 73.45km，流域面积 $2066km^2$，是一条以行洪为主，兼顾排涝、蓄水供水、航运、旅游等功能的河道。

水资源紧缺、水体置换频次低，加上海河沿岸的生活污水、工业废水、汛期雨污水以及二级河道的排涝水直接或经过泵站、闸涵排入海河，造成海河水体污染。尽管近几年先后开展了河道清淤、污水处理厂建设和以截污为主的清水工程，但海河的水环境问题依然严峻，特别是夏天，海河干流多次发生较大规模的蓝藻水华。

3.2.8.2 基本原理

针对城市二级河道易受排水系统高冲击负荷污染引发河水黑臭、季节性藻华等重污染问题，研发出旋流分离、高效气浮（分离时间少于 15 分钟，TP、叶绿素 a、浊度去除率均超过 70%）、弹性/可压缩连孔聚氨酯循环过滤（国内首创，滤速高达 60m/h、对藻类过滤能力大于 99%）等入河排水净化及重污染河道应急处理设备，快速削减排水系统高冲击负荷和净化高藻河水。针对河道表面曝气效率低的问题，应用膜曝气耦合生物膜技术实现水下高效低耗曝气（能耗仅为 1kW·h/km，充氧效率约为 60%）。

针对河道生态净化功能缺失的问题，研发出河底式柔性生物填料和沉床-浮床立体式组合净化装置。该装置大幅提高了生物量（比单一浮床的生物量提高 2 倍以上）和净化能力。集成以上技术形成的高效气浮-快速过滤-在线柔性立体式组合生态床集成净化技术能够快速削减排河污染，高效、稳定、低成本净化河水，并具有景观功能和适应行洪要求。

3.2.8.3 实际应用效果

应用于海河干流水环境质量改善关键技术与综合示范项目。应用该技术治理天津市纪庄子河，示范河道长 2km，处理规模 2000 万 m^3/a 以上，示范工程实施后，河道水质由原来的劣 V 类，提升到了 IV 类，净化成本低于 0.07 元/m^3。该项目的实施为美化河道景观做出了贡献。尤其在夏季美人蕉和千屈菜的盛开更增强了河道的景观效应。而且随着河道水质的改善，河道中的鱼类数量明显增加，已有部分市民前往河道进行垂钓活动。

3.3 黑臭水体治理技术筛选

小微黑臭水体虽然面积小，但其数量众多、分布范围广，且多集中在居住区，容易给民众带来极差的感官体验，直接影响民众生产生活。小微黑臭水体成因复杂，影响因素众多，是水环境治理的难点和热点，已受到越来越多的水环境治理技术人员的重视。本项目通过对国家水专项、重点研发计划、行业支撑计划等科技成果库，以及地方各级储备技术库进行分析，归纳了目前比较成熟先进的黑臭水体治理技术。

3.3.1 FBR 生物循环床综合治理技术

3.3.1.1 技术研究背景

上山门公园内水塘面积 1720m^2，平均水深 1.34m，淤泥平均厚度 0.3m，水体透明度低，属于轻度黑臭水体。水塘水体感官较差，绿藻暴发，富营养化程度较高，水面有大量漂浮物和油渍。上山门公园内水塘点源污染方面，试验前完成了控源截污相关的雨污分流、正本清源等工程内容，无点源污染排入水塘；面源污染方面，水塘周边为密集的城中村等城市建筑，面源污染多；内源污染方面，藻类暴发、污染物从底泥中释放、底泥上浮是水体黑臭的重要原因。

3. 3. 1. 2　基本原理

FBR 生物循环床综合治理技术为一种原位生态修复技术，在水塘汇水流域范围内完成截污纳管、雨污分流等工程前提下，以 FBR 生物循环床为核心，辅以底质改良、水生植物群落构建、水生动物群落构建等工程，原位削减控制面源污染和净化水塘水质，构建健康稳定的清水草型生态系统（附图 3-3）。FBR 生物循环床以人工构建微生物、浮游动物载体（生存空间），通过循环净化的方式，达到污染物降解及藻类控制的目的。底质改良主要通过生态清淤清除表层沉积物，削减内源污染；投洒石灰消杀野杂鱼虾、寄生虫和细菌等；铺设中粗砂作为沉水植物种植基质，并可防止鱼类搅动底泥造成水体浑浊。水生植物系统恢复主要包括沉水植物、浮叶植物、挺水植物。沉水植物可降低水体中浮游植物含量和 SS 浓度，通过光合作用等生理代谢活动，提高水体溶解氧浓度，改善水质条件；通过与浮游植物竞争光照和营养物质来净化富营养化水体，并为浮游动物、底栖动物、附生真菌和细菌等提供良好的生长环境，维持水生动物和微生物的多样性。浮叶植物睡莲对铜绿微囊藻的生长有较明显的抑制作用，并增加水体景观效果。水生动物系统主要包括鱼虾螺贝等，丰富生物多样性，提升水体自净能力。

3. 3. 1. 3　实施效果

上山门公园内水塘试验前水质指标见表 3-1，水体透明度为 3.6cm，溶解氧为 1.22mg/L，氧化还原电位为 4.7mV，COD 含量为 164mg/L（超地表水 V 类标准 3.1 倍），TN 含量为 8.81mg/L（超地表水 V 类标准 3.405 倍），TP 含量为 0.53mg/L（超地表水 V 类标准 0.325 倍），均属于劣 V 类水平，表明上山门公园内水塘黑臭现象主要为 TN、有机污染物含量过高导致，TP 也是导致黑臭的重要因素。

试验表明，FBR 生物循环床综合治理技术治理后水塘 COD、TN、TP 分别从地表水劣 V 类水体提升至 V 类及以上，溶解氧、NH_3-N 从地表水 III 类提升至地表水 I 类，表明 FBR 生物循环床综合治理技术能使相对封闭的小微黑臭水体水质得到大幅改善，并能够长期维持水质的稳定。

表 3-1　　　　　　　　　　　试验前上山门公园内水塘水质指标

水质指标	pH 值	透明度/cm	溶解氧/(mg/L)	氧化还原电位/mV	COD/(mg/L)	NH₃-N/(mg/L)	TN/(mg/L)	TP/(mg/L)
水质数据	6.72	3.6	1.22	4.7	164	0.81	8.81	0.53
轻度黑臭	—	10~25	0.2~2	−200~50	—	8~15	—	—
重度黑臭	—	<10	<0.2	<−200	—	>15	—	—
地表水Ⅴ类	—	—	≥2	—	≤40	≤2.0	≤2.0	≤0.4

3.3.1.4　应用推广前景分析

利用传统物理法仅能去除水中的漂浮物和固体悬浮物，且运维费用高；传统化学法的过程相对较为复杂，工艺路线较长，运行费用、设备投资等成本相对较高；传统生物法的过程耗时较长，占地面积较大，对水质要求相对较高，相比传统物理、化学、生物法和复合治理技术，FBR 生物循环床综合治理技术去除水体污染物和改善水质的核心是 FBR 生物循环床，底质改良、水生植物系统和水生动物系统起到构建水体自净能力和恢复生态系统的作用。该技术能解决小微黑臭水体治理面临水质反复、水质提升难、维护不便等问题，快速消除水体黑臭，提升水质指标，并且后期运行维护方便，为小微水体的治理提供了一种新的路线，在点源污染截污的情况下，该技术可实现 3个月黑臭水体达到或优于地表水Ⅴ类的水质目标，可推广用于消除粤港澳大湾区小型相对封闭水体的黑臭并实现水质稳定提升。

3.3.2　新型光催化氧化综合治理技术

3.3.2.1　技术研究背景

辛养水塘水面面积 4200m²，平均水深 1.5m，水体透明度低，水面长满浮游植物，属于轻度黑臭水体。水塘底泥厚度约 30cm，底泥平均密度 1.45g/cm³，呈黝黑色，主要是由于过去过剩的饲料、鱼类粪便和周边树叶植物腐烂沉积于其中。该塘岸坡为混凝土结构，塘底为自然土质，水塘水生态状况较差。

试验开始前，对辛养水塘点面源与内源情况进行调查（表 3-2、表 3-3）。点源污染方面，水塘西北角有一个居民生活污水排放管道，管径 DN50，试验前完成了控源截污，无点源污染排入小湖塘库；面源污染方面，水塘周边为密集的城中村等城市建筑，枯萎的树叶及周边居民丢弃的生活垃圾浮于水面会带来污染，雨天地面污染物会随地表径流入塘，造成面源污染；内源污染方面，多年的鱼类饵料的沉积、鱼类粪和落叶沉积使底泥中有机质含量升高、污染物从底泥中释放、底泥上浮是水体黑臭的重要原因。

表 3-2　　　　　　　　　　　　　　　辛养水塘治理前水质指标

水质指标	pH 值	透明度/cm	溶解氧/（mg/L）	氧化还原电位/mV	COD/（mg/L）	NH$_3$-N/（mg/L）	TN/（mg/L）	TP/（mg/L）
数据	6.95	15	1.14	66.9	50.4	6.51	9.52	0.38
轻度黑臭	—	10~25	0.2~2	−200~50	—	8~15	—	—
重度黑臭	—	<10	<0.2	<−200	—	>15	—	—
地表水 V 类	—	—	≥2	—	≤40	≤2.0	≤2.0	≤0.4

表 3-3　　　　　　　　　　　　　　　辛养水塘治理前底泥质指标

日期	COD/（mg/kg）	NH$_3$-N/（mg/kg）	TN/（mg/kg）	TP/（mg/kg）
2019.05.20	5032	6751	7455	2035
2019.09.19	1015	851	1205	325
2020.06.20	680	653	952	268

3.3.2.2　基本原理

（1）光催化氧化治理技术原理

以 TiO$_2$ 为例，TiO$_2$ 的光催化特性源自形成光生的电荷载流子（空穴和电子），该载流子是在吸收与带隙相对应的光能后产生的。价带中的光生空穴扩散到 TiO$_2$ 表面并与吸附的水分子反应，形成羟基自由基（·OH）。光生空穴和羟基自由基会氧化 TiO$_2$ 表面的有机分子。同时，导带中的电子通常参与还原过程，该过程通常与空气中的分子氧反应以产生超氧自由基阴离子（O$_2^-$）。·OH 是一种活性更高的氧化物，能够无选择地氧化多种水体有机物并使之矿化，通常认为是光催化反应体系主要活性氧化物。

（2）新型光催化氧化治理技术原理

传统光催化氧化技术只能在紫外线光的照射下发生作用。在可见光驱动的光催化系统的开发中，有构建 p-n 结、Ⅰ 型异质结、Ⅱ 型异质结和同质结等方法。

构建 Z 型催化体系是一种有前景的方案（简称 Z-方案）。其最初是由 Bard 于 1979 年提出的，它是由两步光激发驱动的。Z-方案通常由放出 H$_2$ 的光催化剂、放出 O$_2$ 的光催化剂和电子介体组成。Z-方案光催化系统可实现整体水分解。Z-方案的主要优点在于一种光催化剂的强还原电子和另一种光催化剂的强氧化空穴的可用性。

新型光催化氧化技术将石墨烯和多种纳米材料进行有机结合，实现了可见光下即能实现对有机物光催化氧化降解，大大地提升了光催化的效果。新型光催化技术工作原理见图 3-4。

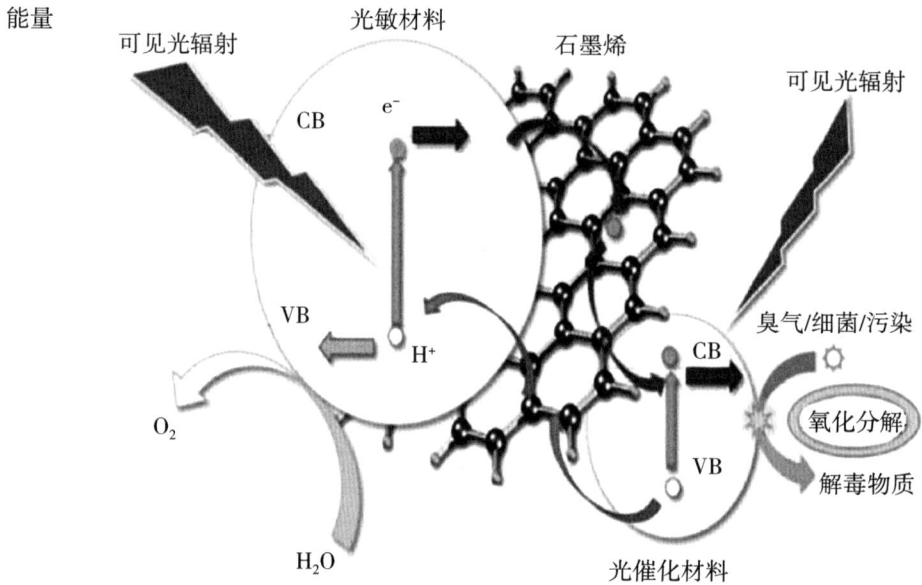

图 3-4　新型光催化氧化技术原理

实际应用时，将负载催化材料的功能纤维放置于水面下 3～5cm 处，催化材料与生物净化集成实现对重污染水体中关键指标的削减。负载催化材料的功能纤维正面材料吸收日光能量并转化为电能，电能以激发态电子形式与水分子、氧气结合形成活性氧，活性氧对水体中有机污染物进行一定程度分解，大分子有机物可以转化为小分子产物，提高生物利用能力。与传统填料表面不同，在催化材料介导下形成的活性氧会改变功能纤维表面的环境，在纤维表面形成一层洁净微区，导致纤维表面生物膜组成和结构发生改变，表面固着生物菌藻胶团物在一定范围内生态位竞争过程中具有优势，其对水中氮磷进行削减，结合遮光效应，也会对水体浮游藻类产生抑制效果。功能纤维周边的植物根系一方面可以吸收水体氮磷等物质，另一方面催化强化所带来的包括一定活性氧、提升的氧化还原电位的微环境改善，也促进了植物的生长。该技术可帮助水系生态功能迅速恢复，对水体尤其是可生化性差的水体有良好的水质改善作用。

3.3.2.3　实施效果

(1) 对水质提升效果

该技术大幅提升水体透明度、溶解氧和氧化还原电位（图 3-5），降低 COD、$NH_3\text{-}N$、TN、TP（图 3-6）。与治理前水质相比，4 个月治理期后，水塘水体透明度提高了 79.13%，溶解氧提高 5.1 倍，氧化还原电位提高 1.44 倍，COD、$NH_3\text{-}N$、TN 和 TP 分别降低 35.75%、69.74%、78.99% 和 39.47%。9 个月维护期后，水塘水体透明度提高 9 倍，溶解氧提高 4.4 倍，氧化还原电位提高 1.66 倍，COD、$NH_3\text{-}N$、TN 和 TP 分别降低 67.60%、96.93%、90.97% 和 65.79%。

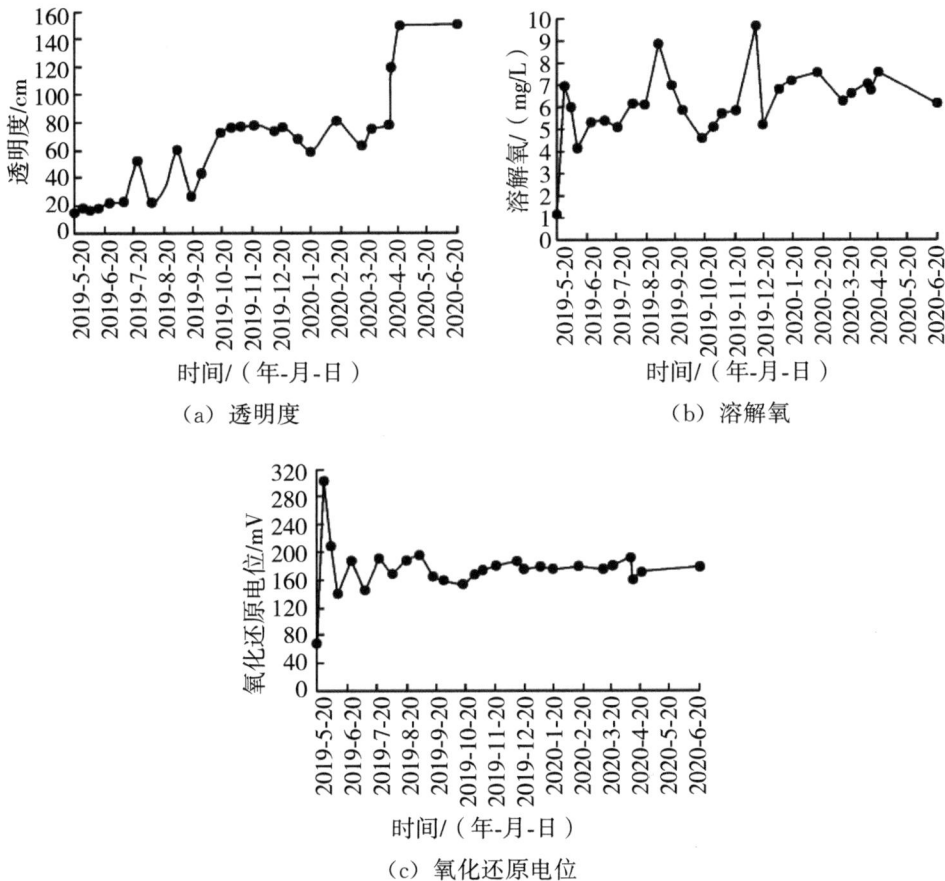

（a）透明度　　　　　　　　（b）溶解氧

（c）氧化还原电位

图 3-5　水体透明度、溶解氧与氧化还原电位随时间变化情况

(2) 对污染负荷削减

该技术在治理期分别削减 COD、$NH_3\text{-}N$、TN、TP 176.72mg/（m^3・d）、52.46mg/（m^3・d）、78.60mg/（m^3・d）和 5.53mg/（m^3・d），维护期分别削减

COD、NH_3-N、TN、TP 64.55mg/（m^3·d）、6.89mg/（m^3·d）、4.85mg/（m^3·d）和 0.47mg/（m^3·d）。该技术可在治理期将多数污染物削减完成，且水质具有较好的长效维持效果（图 3-7）。

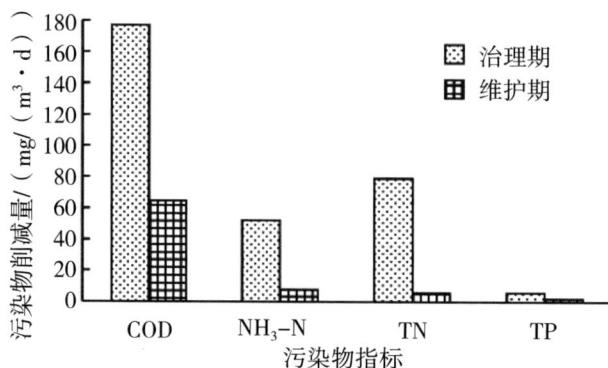

图 3-6　水体典型污染物随时间变化情况

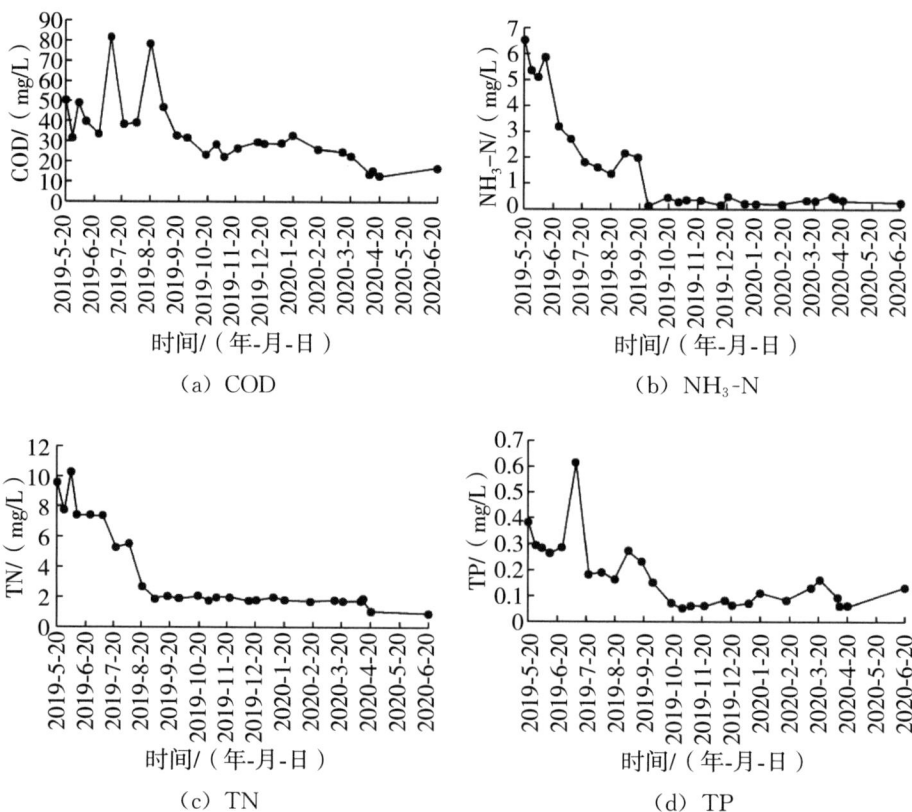

（a）COD

（b）NH_3-N

（c）TN

（d）TP

图 3-7　污染物削减量

3.3.3　半浸桨曝气湖泛应急处置技术

3.3.3.1　基本原理

湖泛是指大量藻类死亡、有机质分解耗氧等引起水体极度缺氧,大量黑色颗粒进入水体使水色发黑,伴随还原性硫化物等恶臭气味释放的一种水体灾害。水体复氧、曝气是有效消除湖泛现象的一种手段。半浸桨指螺旋桨不全在水面下运转的一种船用推进力螺旋桨。运行时螺旋桨的部分叶片在水面以上,因此也称割划水面螺旋桨。将半浸桨加载到高速艇尾部,在推进船体前行的同时,半浸桨在高速运转下处于超空化或完全充气状态,在自由水面上下运动,通过高速旋转的叶轮产生负压,将空气引入水下,再通过叶轮的高速剪切运动,将吸入的空气切割为小气泡扩散到水体中,进入水体的溶解氧与黑臭物质(H_2S、FeS等还原物质)发生了氧化还原反应,有效地改善或缓解水体的黑臭现象。曝气复氧保证水体的好氧环境,提高水体中好氧微生物的活性,达到降解污染负荷、消除湖泛的目的。

3.3.3.2　工艺流程

选用 6 叶片 BTZ-1200 型半浸桨两个。桨直径为 550mm,单桨总量为 55kg。将两个半浸桨并列固定于长、宽、高分别为 12.88m、3.20m、1.60m 的玻璃钢快速艇的尾部,玻璃钢船体采用真空负压成型,并采用真空立体纤维和聚脲弹性护舷材料,配置 2 个 224kW 的发动机,半浸桨扭矩为 1200N·m,船只的设计航速为 30kn(1kn = 1.852km/h)。曝气作业时,将半浸桨纵倾角设为 0°,在黑臭水体区域采用间距 10~20m 的之字形高速行进,适当左右扭动船只,使之最大限度压入水体氧气,并搅动水体,加速溶解氧在水体的传递,达到快速增氧,加快湖泛等黑臭水体消散的目的。

3.3.3.3　技术创新点及主要技术经济指标

(1) 主要创新点

采用半浸桨结合高速艇平台的优化集成技术,为中等规模湖泛进行应急处置。

优选效果佳的半浸桨叶片数:6 片。

优选效果佳的桨片杯型:直径大于 0.24m,傅氏数大于 3.65。

优选了效果佳的船型比例:长 12.88m、宽 3.20m、深 1.60m。

优选新型减重船舶工艺和材料:真空负压成型技术、真空立体纤维和聚脲弹性护舷。

(2) 主要技术经济指标

充氧效率:>0.6kg/(kW·h)。

作业面积：$>10000m^2$。

3.3.3.4 实际应用案例

2015 年 6 月 19—20 日，在太湖竺山湾符渎港东南水域发生了 $0.5km^2$ 的湖泛。湖泛发生时水体溶解氧 0.25mg/L，水色发黑，恶臭。于 2015 年 6 月 19 日对该水域实施了 0.5h 的半浸浆曝气处理，曝气时船速为 50km/h，曝气航线间距约 30m。曝气后 3h，水体溶解氧平均值为 0.65mg/L，曝气后 20h 监测，水体溶解氧平均值为 4.91mg/L，湖泛基本消失。

3.3.4 底泥疏浚技术

3.3.4.1 底泥环保疏浚技术

（1）基本原理

底泥环保疏浚在最大限度地清除底泥污染物的同时，为后续生物技术的介入创造条件，是水资源保护中生态修复工程的一个重要环节。生态清淤的目的是去除沉积于河底的富营养物质，包括高营养含量的软状沉积物和半悬浮状的絮状物，从而修复生态交换层的基础部分。在生态清淤的基础上，通过工程措施，环境治理、生态工程和管理等综合工程及非工程措施，修复生态系统，保障河道生命健康和可持续发展。

（2）工艺流程

采用小型清淤平台作业，充分提高清淤装置的效率和环境适应性。振动筛的筛分可以有效清除上岸泥浆中的垃圾、砾石和细沙等固体杂质，极大地减少泥浆中细沙等杂质颗粒对后续工艺中机械设备的磨损，保护后续处理设施，经处理后剩余泥浆流入淤泥浓缩装置进行后续处理。剩余泥浆经过加药后泵送至平流式浓缩箱进行强化混凝，箱体内澄清及浓缩同时进行，清水层、沉降层、过滤层、压缩层同时存在。最终上清液达标直接排入污水管网，沉积在池体底部的浓缩泥浆流到淤泥调节箱进行后续处理。根据浓缩泥浆的理化性质，结合淤泥类型、淤泥浓度及产生淤泥的工艺单元等，设计开发与其配套的淤泥贮存调配装置，从有均匀沉降的浓缩装置底部吸取淤泥，并伴有连续的打碎装置，有效地保持淤泥浓度的恒定，提高加药及淤泥脱水工况的稳定性，调节后输送至电机型淤泥离心脱水装置进行固液分离。

（3）技术创新点及主要技术经济指标

通过清淤平台筛分、絮凝沉淀、淤泥调理、淤泥脱水干化等工艺环节的集成优化，形成生态清淤及淤泥快速处置一体化技术。彻底清除存在于淤泥表面以上的一层对水体造成危害的胶体状悬浮质及被污染的底泥,避免施工机械作业引起悬浮质的再悬浮和扩散,造成二次污染。在清除有害泥层的同时,保护下层底泥不被破坏,以利恢复水生植物、水生生物种群的生态重建。为减少排泥场尾水二次污染,需要采取增加污染物质沉淀的措施,降低再次排入水体的污染物量。底泥环保疏浚的成本在 150 元/m³,与同类技术价格相仿,对环境影响较小,减少了二次污染。

3.3.4.2　底泥多目标疏浚技术

(1) 技术简介

主要是通过污染物质调查、界面物质释放特性与模拟以及生态风险评价,综合确定重污染区域的底泥疏浚深度。

(2) 基本原理

多目标薄层疏浚技术原理主要是通过污染物质调查、界面物质释放特性与模拟以及生态风险评价,综合确定重污染区域的底泥疏浚深度。

(3) 工艺流程

工艺流程为营养盐疏浚深度确定-重金属疏浚深度确定-有机物疏浚深度确定-抑制湖泛深度确定。具体如下。

1) 首先对治理区域不同深度底泥中污染物,如营养盐、重金属和有机物进行分析,同时对不同底泥深度诱发湖泛风险进行模拟研究;

2) 对重污染区域底泥营养盐水平分布特征和垂直分布特征进行研究,依据营养盐污染标准确定以控制营养盐为目的的底泥疏浚范围和深度;

3) 对重污染区域重金属、有机物水平分布特征和垂直分布特征进行研究,依据生态风险指数法和阈值法对底泥重金属和有机物污染特征进行评价,确定控制这两种污染物的疏浚深度和范围;

4) 采集重污染区域底泥,研究不同模拟疏浚深度对湖泛发生诱发的风险,确定安全疏浚深度;

5) 以多重污染物污染重叠区域为主要疏浚范围,确定能控制底泥营养盐、重金属和有机物以及湖泛发生的底泥深度为疏浚深度。

(4) 技术创新点及主要技术经济指标

主要利用生态风险指数法、内源释放测定以及室内动态模拟等方法,确定能够同时控制底泥内源、重金属污染以及水体黑臭发生的底泥疏浚深度。该方法确定的底泥疏浚深度区别于以往只是单纯控制单位污染物的方法,具有整体性和全局性,该技术

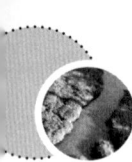

尤其适用于重度复合污染底泥的治理。治理费用为 1000 万元/km²（不包括后续底泥处理费用）。疏浚深度和面积依据多种方法综合确定，随污染种类和复杂程度而异。

（5）实际应用案例

为落实巢湖流域"十二五"防治规划，安徽省水利水电勘测设计院受安徽省合肥市政府相关部门委托，总体设计了巢湖沿岸带综合整治和修复方案，在 2013 年 5 月《合肥市巢湖沿岸水环境治理及生态修复工程变更设计报告》以及初步设计附图中，有关塘西河、十五里河河口清淤工程量（范围和深度）的确定中，采用了中国科学院南京地理与湖泊研究所底泥多目标疏浚的生态理念，考虑了底泥中氮磷营养物、重金属和有机质（部分为有机毒物）多种类污染物的分布，参考了底泥营养盐的释放通量及对水体黑臭的诱发风险等，综合确定了塘西河、十五里河河口清淤工程量（30.9 万 m³）。该方案已经在 2013—2014 年安徽省亚行开发银行贷款项目得到应用。

3.3.5 污染河流梯级序列原位净化多级污染控制技术

3.3.5.1 技术简介

污染河流梯级序列原位净化多级污染控制体系被应用于贾鲁河流域索须河，建成总规模达 18.48km，对五龙口污水处理厂及化工园区排放 25 万 t/d 的城市尾水与黑臭河道进行生态净化，COD 去除率达近 40%，NH_3-N 去除率达 80%，TP 去除率达 50% 左右，劣 V 类河水生态净化后升至 IV 类标准，色度、TN 远优于景观再生水标准。示范河段水体透明度平均增加了 70% 以上，重现了"水清岸绿、鸟鸣鱼戏、人水和谐"的优美景观。

3.3.5.2 基本原理

针对天然基流缺乏、来水为污水处理厂尾水的黑臭河流，集成内电解基质强化净化、渗滤岛净化、主槽泄洪侧槽净化、人工湿地耦联组合以及土壤侧渗墙等技术，形成强化-耦联-侧渗-削减污染河流梯级序列原位净化多级污染控制体系。

3.3.5.3 工艺流程

1）利用内电解基质强化潜流湿地净化技术，改善污水的可生化性；
2）利用表流人工湿地水质净化耦联技术，提高对 COD、NH_3-N 的降解能力；
3）利用近自然人工滩地-土壤侧渗联合净化技术，脱硝态氮、除磷；
4）利用近自然河道污染生态削减技术，提高河流的自净能力。

3.3.5.4　技术创新点及主要技术经济指标

（1）技术创新点

1）研发的强化河道净化反应器中需要的内电解基质强化净化技术强化分解水体残留的难降解有机污染物，提高其可生化性与 BOD 水平；为微生物提供可滞留生境，构成河道强化反应器，共同削减河流 COD 与 TN。

2）种植土著耐污净污植物，恢复自然河流结构，提高其自净能力。

3）针对河道泄洪与水质净化需要，提出主槽泄洪侧槽净化的河流断面设计技术。

（2）主要技术经济指标

1）水体透明度≥60cm，污水中 COD、NH_3-N 浓度分别削减 50% 和 40%，内电解基质 350～400 元/m^3、潜水泵＋碳纤维生态草 400～450 元/m^2；沉水植物光合补氧＋生态净化植物床 120～130 元/m^2。

2）利用合适自然地区辅助削减 COD 和 NH_3-N，削减 COD15%～17%、NH_3-N30%～33%；TP30%～32%，建设成本为 800～1000 元/m。

3）系统对 COD 的去除率为 14%～50%，NH_3-N 去除率为 34%～97%，TN 去除率 13%～97%，TP 去除率 35%～96%，建设成本为 150～200 元/m^2。

3.3.5.5　实际应用案例

应用于贾鲁河流域索须河，建成总规模达 18.48km，对五龙口污水处理厂及化工园区排放 25 万 t/d 的城市尾水与黑臭河道进行生态净化，COD 去除率近 40%，NH_3-N 去除率 80%，TP 去除率 50% 左右，劣 V 类河水生态净化后升至 IV 类标准，色度、TN 远优于景观再生水标准。示范河段水体透明度平均增加了 70% 以上，重现了水清岸绿、鸟鸣鱼戏、人水和谐的优美景观。

3.3.6　河口区地表水烃类有机污染物的强化阻控与水质改善技术

3.3.6.1　技术简介

该技术主要包括厌氧/好氧-共代谢组合削减和有毒有机污染物电动修复技术。根据河口湿地中石油烃类等有机污染物的污染特征，在井场周边污染物扩散区，利用厌氧微生物和好氧微生物的共代谢机制，建立地表水体中污染物的厌氧/好氧-共代谢组合削减工艺，辅以人工构筑设施调节淹水及落干状态，促进难降解污染物降解；对于井场周边高浓度难降解石油烃污染土壤，利用电化学氧化和生物降解协同作用，进行关键修复材料和修复设备的研制，通过系统工艺参数优化，有效调控电场强度与生物群落的空间分布，从而提高污染物的去除效率。

3.3.6.2　工艺流程

工艺流程包括井场周边高浓度难降解石油烃污染土壤电动修复和井场周边污染扩散区石油烃类污染物厌氧/好氧-共代谢组合削减。具体如下。

1）进行修复设备及修复材料制备，包括电动修复一体化设备、电极、修复菌剂及助剂制备；

2）进行电动修复场地平整及湿地辅助构筑设施的建造及安装；

3）电极布设及修复材料的添加，修复设备安装及调试；

4）采用可控的修复操作系统与配套一体化设备进行修复过程监测调控，并进行电场、水分、营养等修复条件及修复工艺优化；

5）修复过程的运行维护。

3.3.6.3　实际应用案例

研发的河口区地表水体中烃类有机污染物的强化阻控与水质改善技术已在河口区有机污染物削减技术示范工程中应用，示范面积为 $1km^2$。针对井场周边重污染区域，采用电动-微生物修复技术，建立极性切换的电极技术模式，实现湿地难降解有机污染物的高效削减。在污染扩散区，采取厌氧/好氧-共代谢组合技术对烃类污染物进行阻控，利用地表水体的结构特点，辅以人工构筑设施，实现水体中污染物的分级去除。对示范工程建设前后总石油烃浓度的跟踪监测，发现通过示范工程实施，土壤中石油烃得到大幅度削减，污染物去除率超过 60%，能耗为 $0.02 \sim 0.13 kW \cdot h/（d \cdot t）$，总成本 80~150 元/t。电动-微生物修复技术已被批准为国家重点环境保护实用技术，并在吉林、胜利油田进行了推广应用。

3.3.7　低成本的支浜水质净化与生态修复技术

3.3.7.1　基本原理

根据小流域内支浜（小型河道）水系空间分布、连通状况、周边环境及水质现状等特点，从岸带-水陆交错带-水体 3 个层面，按照不同支浜段拦截汇流的类型不同，布局支浜生态护岸技术、支浜边界滤解带构建技术、集中径流排放处理技术、组合生物浮床技术及分流稳定岛礁技术等，利用水体-土壤-基质-植物-微生物的联动，实现支浜水体水质改善及不同功能需求的水生植物群落合理恢复等目标，继而通过与周边湿地系统及草林系统的有效衔接，实现对汇流污染物的高效拦截和持续稳定净化。

3.3.7.2　工艺流程

技术系统的低成本特征体现在两个方面：①技术成果作为一个体系，是通过点-线-面-区的设计，在敏感区或重点区域进行设计布局，避免了目的性不清晰、盲目的工程设计，即技术成果应用的针对性极强，因此其在投入上可真正做到有的放矢，并充分利用自然恢复的力量，实现支浜生态的全面改善和提升；②技术成果中的主要工艺组成投资成本较低，同时，在某些技术研发过程中，充分考虑了成本补偿等问题，例如组合生物浮床技术，在保证该技术处理效率的前提下，通过水生动植物的合理组合，实现经济上的补偿，即在生产中实现对水质的净化，可抵消部分投入成本，并在运行管护上不需要额外投入。该关键技术的研究思路见图 3-8。

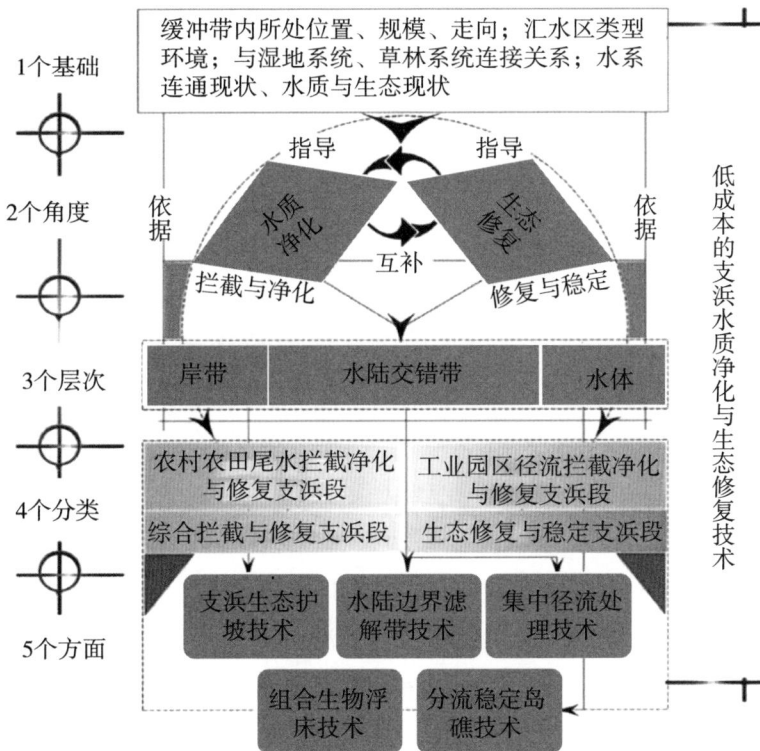

图 3-8　低成本的支浜水质净化与生态修复技术研究思路

低成本的支浜水质净化与生态修复技术可以归纳为以下三大类：①缓冲带支浜形态与结构优化技术；②支浜不同节点水体主动净化技术；③不同生态功能需求的支浜生物修复技术。低成本的支浜水质净化与生态修复技术的工艺组成见附图 3-4。

此外，根据以上三大类技术研发进行了缓冲带生态支浜建设模式研究，针对湖滨缓冲带内支浜的功能或位置不同，对不合理的支浜进行相应的形态调整与结构优化，采取支浜的基底修复等一系列措施，改善了支浜的生态环境。依据支浜形态、入水类型、污染程度等对不同支浜水域进行功能区分类，并针对性实施多层植物浮床生态拦截、微生物强化降解、微纳米曝气等主动的水质净化措施。该模式针对各水域功能区进行生态修复，内容涉及支浜水域功能划分、不同生境条件的群落合理配置、不同水域功能区的水生植物扩繁、水生动植物组合配置等。

3.3.7.3 实际应用案例

本技术系统在宜兴市周铁镇竺山湾缓冲带内进行了示范应用，示范支浜总长度约 3.0km，包括了三渎-花干浜农田尾水拦截净化与修复工程；太湖头浜综合拦截净化与修复工程；三渎港东段稳定净化与生态调节工程；盛渎港中段综合拦截与修复工程；盛渎港东段生态修复建设工程；湾浜工业园区径流拦截净化与修复工程；竺山湖湿地内支浜生态建设工程等。示范工程第三方监测结果表明，核心区内外 TN 平均削减 57.6%，TP 平均削减 21.4%；从竺山湖湿地区域支浜进出水（上下游）削减比例来看，湾浜断面经治理后 TN 平均削减 72.1%、TP 平均削减 67.6%；竺山湖湿地内支浜南断面经治理后 TN 平均削减 46.9%、TP 平均削减 87.5%。综合看，上下游 TN、TP 平均削减 59.5%、67.2%。根据建设成本说明及维护成本说明可知，应用该技术系统的建设成本为 63.6 元/m²；维护成本为 7020 元/（km·a）。

3.3.8 中小河流河道污染控制与水质改善集成技术

3.3.8.1 基本原理

蒲河是具有代表性的城市中小型河流，这类河流水资源有限、生态功能脆弱、受纳的城乡各类排水量不断增长而导致河流的严重污染且对汇入的大型河流水质亦会产生严重影响。针对蒲河污染和水质改善方面的重点问题，在技术与设备研发基础上，集成并应用了黑臭河道污染控制、污染支流的河口立体净化和滞水区水质改善三项技术，对蒲河重污染节点予以有效控制，实现了科技成果转化和对蒲河水生态建设支持的预期目标。

3.3.8.2 工艺流程

1）对于重污染的黑臭河道，可设立可控式污水阻流坝，在污水淤积河道，通过船只施加药剂和搅拌，使底质和水体被进一步强化处理；通过安装水下射流曝气设备，抑制河段厌氧和发臭；通过安装大型浮床并种养凤眼莲，发挥植物净水作用。

2）对于污染支流的河口，可利用对流复氧改善底质条件，形成好氧性生物净化河床；建设植物浮岛，建立表流水体净化床；安装生物飘带，形成水体空间净化床；发挥复氧机多重功效，改善水体溶解氧及其他气体逸出的条件。

3）对于污染的河道滞水区域，调控水量以形成水质净化的有效空间；改造河道护坡，提高河床的净水能力；在河道安装植物固浮岛，发挥其净水功能和景观效果；复氧曝气，形成水体的对流，改善水体溶氧条件，抑制富营养化产物的滋生。

3.3.8.3　技术创新点及主要技术经济指标

"十二五"期间，在基地开展小试和中试，分别对复氧、植物净化、药剂处理、生物飘带等设备进行了研发，对相关技术进行了集成。其中小型污染支流的河口立体净化是通过改善水体溶氧条件和发挥植物浮岛及生物飘带的立体净化功效，将 COD 污染负荷削减 30%～40%，氮磷污染物削减 20% 以上。滞水区水质改善与富营养化控制是通过合理调控需水量保证水体的自净空间；通过光能高效复氧改善水体的流动性和溶氧环境；通过植物浮岛净化，改善水体的水质。重污染河道控制是通过对排水的化学强化处理，削减 COD 污染负荷 50% 以上；通过水体表流和底层强力复氧，使水体 DO 达 3.0mg/L 以上；通过植物净化等综合措施，使河道水体水质得到进一步改善。

"十二五"期间，对事故排污河道进行药剂强化处理，结合示范区的曝气复氧和植物净化，使黑臭河道的污染被有效控制，黑臭消失，底泥厌氧和上浮被抑制，水质改善；利用蒲河污染支流黄泥河河口约 7000m² 水体构建了立体净化的技术示范。通过对水流复氧改善水体 DO 和底质条件，形成好氧生物净化河床，通过植物浮岛建设，建立表流水体净化床，通过生物飘带安装，形成水体空间净化床，从而达到了对污染支流予以控制的目的；对蒲河代表性滞水区的富营养化污染予以控制，采用复氧设备抑制底质对水体的影响，提高水体自净能力。此外，种养的水生植物对水质的改善发挥了重要的作用。示范区内水体 DO 值被控制在合理范围内（5～10mg/L），富营养化产出物多发现象得到有效控制。

3.3.8.4　实际应用案例

该技术被应用于河道重污染节点控制，保证了河道水体的安全。黑臭河道控制技术应用于污泥堆放场除臭工程，消除了恶臭面源的强烈污染，解决了恶臭扰民问题。水质改善技术应用于白塔堡河的河道，提高了河道水质。

3.3.9　城市近郊河道小流域分散面源污染防控技术

3.3.9.1　基本原理

（1）污水处理技术

A/B 两级原电池生物处理系统采用短程硝化反硝化的生化处理工艺与原电池相结

合的技术，依靠微生物的作用消解水中的有机物质。

（2）生态沟渠系统技术

采用生态沟渠系统，通过设置截水横沟可以有效阻隔侧向面源输入并进行净化。面源污染物质流向河道时，以潜流的形式由横沟向河道内渗流。在此过程中，填料基质和水生植物将发挥净化作用，截留进入河道水体的污染物质。

（3）河岸植被缓冲带技术

缓冲带是指邻近受纳水体，有一定宽度，具有植被，在管理上与农田分割的地带。污染物在向水体转移的途径中，以地表径流、潜层渗流的方式通过缓冲带进入水体。

（4）景观型多级阶梯式人工湿地护坡技术

在桩板与岸坡之夹格或无砂混凝土内填充土壤、砂石、净水填料等物质，并从低到高依次种植挺水植物和灌木，建成岸边多级人工湿地系统。

3.3.9.2　工艺流程

采用生态沟渠系统技术对有可能进入河道的面源污染物进行初步处理。经过生态沟渠系统技术初步处理后，面源污染物再通过河岸植被缓冲带进行进一步处理。缓冲带可以减少营养物质进入河道，并和生长植被稳定河岸形成拦截农业区泥沙的复杂的生态环境。在面源污染物最终进入河道前，还需经过景观型多级阶梯式人工湿地的净化。该系统能够稳定河道岸坡，同时具有良好的透水性，降雨径流进入河道边坡后，以下渗和溢流的方式，经过系统的逐级处理后进入河道。对填料进行定期更换和收割植物，可以最终把污染物从河道系统中彻底清除掉。

3.3.9.3　技术创新点及主要技术经济指标

采用智能移动一体化设备处理生活污水。将区内菜地中间的低洼地改建成拦截、蓄滞、强化净化型湿地系统，设计强化净化区和稳定净化区，以北侧为进水区，南侧为出水区，进出水均与生态拦截环渠相通。浜头湿地，于土坝与周新东路桥（断头）之间设置1处连通涵管，并在两侧设计生态滤床，其中南侧为高位滤床，北侧为低位滤床，其他区域采用恢复植被等方式进行构建。河口湿地恢复以种植挺水植物为主，植物种类为芦苇和茭草。沿岸两侧排桩固定，构建景观与拦截带，并恢复两排线形挺水植物（以黄花鸢尾为主）。河段中间铺设景观生态浮床。河岸缓冲带系统设计于区域内梁塘河南岸主要是铺设石块及恢复自然植被。其中污水处理按户数设计，生态沟渠按照 250～300m/亩建设，阶梯湿地两级以上，每级宽度不小于 3.0m，总高度 0.8～1.0m。

3.3.9.4　实际应用案例

将集生态沟渠系统技术、河岸植被缓冲带技术以及景观型多级阶梯式人工湿地护坡技术等于一体的组合优化成套技术应用于梁塘河生态湿地恢复工程太湖新城部分项目南湖大道—华清大道景观绿化工程1标段中，工程地点为梁塘河以南、周新东路以北、华清大道以西、南湖大道以东。工程实施后，示范区内入河污染负荷TN、TP削减35%以上。

3.3.10　厂矿区混排污水集成生态处理技术

3.3.10.1　基本原理

针对巢湖市城郊缺乏污水收集系统，近期尚无截污管网建设规划，厂矿区生活污水、地表径流（初期雨水）直接排入河道等问题，因地制宜地开展入河污水的收集、拦截及一体化处理技术体系研究。

以生物生态处理系统为核心，辅以源头控制和过程收集拦截的复合净化技术研究与工程示范，最大限度削减污水对河道水体的影响。研发的生物-强化生态工艺处理系统主要技术特点为结构简单、成本低、低能耗和环境安全，适于多种受污染水体的治理，易于大范围推广。最终形成适合巢湖城市下游河流城区与城郊污染控制的具有景观与净化复合功能的低成本生态工艺集成技术体系。

3.3.10.2　工艺流程

对悬浮物含量高的水泥厂区废水及生活污水混合水，采用沉淀塘-氧化塘-湿地-稳定塘工艺；对流经农田的厂区生活污水采用生态收集及拦截沟-沉淀塘-氧化塘-湿地-稳定塘工艺；对来自张岗桥的高浓度生活污水采用沉淀-土地渗滤-沉淀塘-氧化塘-湿地-稳定塘工艺（附图3-5）。

巢湖流域经济水平相对不发达，政府及企业用于环境保护的投资相对薄弱，该技术投资低，运行成本低，免维护，尤其适合在巢湖流域及类似经济欠发达地区推广应用。

3.3.10.3　应用案例

将研发的厂矿区混排污水处理技术应用于双桥河张岗桥段（水泥厂生活区附近）生活污水及初期雨水生物净化示范工程（张岗桥示范工程），工程区污水和雨水，在工程实施前均通过沟渠直接排入双桥河。工程处理规模4000t/d，占地面积12500m²。自2009年开始建设，2010年建成后一直运行至今，运行效果良好。

3.3.11 湖滨-缓冲带生态建设成套技术

3.3.11.1 基本原理

湖滨-缓冲带生态建设成套技术是根据湖泊陆域到水域，划定缓冲带农业生产区-缓冲带防护隔离区-湖滨带的空间布局，结合各区域现状及问题，分别采用适宜的技术体系，如缓冲带农业生产区短流径入河农田尾水强化拦截净化技术、缓冲带防护隔离区林下低生物量草坪建植与径流拦截净化技术、堤岸型湖滨带水生植物倒置式配置技术，最终形成地域空间有机衔接、生态结构合理延续、污染迁移有效缓冲的生态屏障。

3.3.11.2 工艺流程

依据区域功能，可将湖滨-缓冲带划分为缓冲带农业生产区、缓冲带防护隔离区和堤岸型湖滨带，其基本工艺流程分别为农田尾水污染物拦截净化、林下低生物量草坪建植与径流蓄滞净化和堤岸湖滨植物倒置式配置。

1）缓冲带农业生产区除对普通农田排水沟渠进行生态化改造外，对短流径入河农田尾水根据地势建设强化净化湿地；

2）根据现有地形和现状，采用不同方式（明渠或涵管）连通缓冲带农业生产区和缓冲带防护隔离区，使径流得到进一步净化；

3）缓冲带防护隔离区建植低生物量草坪，草坪品种遵循耐阴、本地种等基本原则；

4）在建低植生物量草坪的基础上，构建林下地表径流收集与净化系统，包括径流收集沟、径流蓄滞池、边界缓冲湿地及生态调节塘等；

5）根据堤岸型湖滨带的特点，采用倒置式的水生植物配置方式，辅以潜堤消浪等技术，为区域内整体水生植物恢复和演替创造适宜的条件。

3.3.11.3 主要技术指标

1）缓冲带农业生产区短流径入河农田尾水强化拦截湿地面积占总汇流面积的 1%～2%，湿地长宽比限定在 3:1～5:1；

2）缓冲带防护隔离区林下低生物量草坪品种应选择耐阴性好、株形低矮、便于维护、季节更替不明显的常绿草本植物，亩播种量一般为 1.5～2kg，建植第一年需适度修剪，林下地表径流收集净化系统包括径流收集沟、生态蓄滞池、边界缓冲湿地、生态调节塘，其中径流收集沟设计长度为 $300\sim400m/1000m^2$，边界缓冲湿地应根据收集区域多点进水，湿地内植物以挺水植物种植为主，种植面积占湿地面积的 20% 左右；

3）生态调节塘以恢复挺水植物和沉水植物为主，水力停留时间不少于 2d；

4）堤岸型湖滨带水生植物倒置式配置适用范围为 80～120m（堤岸到湖体）；

5）外围挺水植物带恢复宽度 8～10m；

6）恢复区内部挺水、浮叶、沉水植物修复面积占总水面面积的比例分别以 10%～15%、20%～25%、10%～15% 为宜。

3.3.11.4　应用案例

本技术在宜兴市周铁镇进行了工程示范。

1）缓冲带农业生产区生态建设涉及面积为 135 亩，包括区内部分排水沟渠的生态化改造工程（1100m）、区内河道生态建设工程（1070m）、短流径入河农田尾水强化净化湿地工程（2 处，总面积 112m²，汇流面积约 10.5 亩）。

示范工程效果表明，湿地对 TN 去除率达到 40% 以上，TP 去除率 30% 以上，河段修复实施前后 NH_3-N 去除率为 60.3%、TP 去除率为 62.1%，陆水间生态得到衔接与优化；缓冲带防护隔离区建设面积 46 亩，其中低生物量草坪建植约 30 亩，品种为白三叶、马蹄金和红花酢浆草。

2）林下地表径流收集沟 1800m，边界缓冲湿地 1500m²，生态调节塘 7900m²。

示范工程效果表明，低生物量草坪的建植有效促进了林木生长，草坪枯落物由野生的 700g/（m²·a），降至 100g/（m²·a），工程实施显著提高了缓冲带防护隔离区对上游来水中污染物的拦截净化能力，TN、TP、NH_3-N 的去除率分别达到了 92.4%、92.8%、61.5%，生态调节塘中的水质指标显著降低，生态环境条件得到极大改善。

3）湖滨带水生植物修复水域面积 16000m²（长 150m，宽 110m），建设潜堤消浪带（土工管）186m，导藻沟 120m，宽度平均 10m，基底修复面积约 9000m²（缓坡等），挺水植物修复面积 5000m²（芦苇），浮叶植物修复面积 2000m²（睡莲、荇菜），沉水植物修复面积 1000m²（苦草、马来眼子菜、黑藻）。

示范工程效果表明，区域内水体 TN 由示范前的平均 5.12mg/L，降低至示范后平均 4.77mg/L，降低比例为 6.8%；NH_3-N 则由示范前的平均 2.09mg/L 降低至平均 0.72mg/L，降低比例为 65.6%，而 TP 波动较大，水生植物恢复良好，一年的运行结果看，除紧靠大堤的一片芦苇未恢复起来外，其余均长势良好，其中芦苇密度由最初种植时的平均 13 株/m² 增加至平均 47 株/m²。

3.3.12 富磷区面源污染仿肾型收集与再削减技术

3.3.12.1 基本原理

以对山地富磷区磷输出的防控为目标，将土石工程与生物工程结合，设计成微沟渠分流/入渗系统和导出/汇集系统，使汇水区的污染物就地消纳。适用于对山地富磷地区径流中总悬浮物（SS）、磷（P）、氮（N）等面源污染物的去除。

（1）技术瓶颈

在填料对水的处理中，填料堵塞是对处理效果有很大影响的一个问题，而在山地富磷区的径流中，泥沙含量较大。如何针对当地气候条件，利用当地地形，设置各级沉砂-滤砂系统以减少填料堵塞，以及如何对不同填料和植物进行组合以实现其对面源污染物的最大去除率是当前技术的瓶颈。

（2）技术来源

根据当地地形和气候条件，按照仿生学原理，将地表按照生物体最大的解毒和净化器官——肾脏的工作原理，以常用的湿地填料和生物填料进行组配，依托当地植被，建立仿肾型多层次除污沟渠系统，实现对面源污染物尤其是磷的削减。

（3）创新点

在冲刷较严重、植物难以生长的地段，用生物量较大的植物的秸秆建立植物拦砂坝；将填料放置于植生袋内，保证接触面积的同时，便于放置和回收；植物组合与填料组合搭配，实现其对面源污染物的最大去除率。

3.3.12.2 工艺流程

（1）技术原理

通过分析富磷区径流中的养分元素输出状况，通过各种方式降低径流中各种形态的磷成为解决该技术问题的关键，通过建立拦砂坝、沉砂池和草滤带降低泥沙和颗粒态磷的含量，通过填料和植物实现对溶解态磷吸附吸收。

（2）具体流程

查阅历年降雨资料并分析径流中 SS、TP、溶解态磷（DP）、TN 的含量，根据降雨量和 SS 含量确定沉砂-滤砂系统的规模；根据降雨量、相关面源污染物的浓度确定所需的填料和植物的量；根据降雨量、汇水面积、径流量和水力停留时间、水力负荷、流量、流速等水力参数设计集水/排水沟渠的尺寸。

（3）主要参数的确定

主要包括：沉砂池的参数确定；草滤带相关参数的确定；植物组合与填料组合的选择。

（4）技术设计

设计思想是根据项目区的气候、地形等条件，通过最小的投入，实现对项目区径流中面源污染物的最大去除率。设计内容如下。

1）植物拦砂坝设计。选择项目区内生物量大的入侵物种紫茎泽兰的秸秆作为植物拦砂坝的材料，从上而下选择多个"壶口"地形，呈阶梯状依次建若干个植物拦砂坝，当径流经过时，将大颗粒的泥沙和碎石截留，防止下游沟渠系统的堵塞，并且可以减少颗粒态磷、氮的流失和泥沙输出，根据径流强度适当改变植物拦砂坝的数量，在径流产生强度大的位置增加拦砂坝的体积与数量。

2）沉砂池设计。由于项目区内泥沙含量大，需沉砂能力较强的沉砂系统，沉淀池作为应用较为广泛的沉砂方式，技术较为成熟，对于去除一定粒径的泥沙具有较好的效果。根据当地的降雨量和径流量，建 1 个或多个矩形沉淀池，其长宽高的尺寸以使表面水力负荷 q 在 0.8～3.0 为宜。

3）草滤带参数设计。针对项目区泥沙量大、颗粒态磷含量高的特点，为更好地去除径流中的泥沙，设置了草滤带。受项目区立地条件的限制，草滤带的坡降和宽度可选择性较小，根据去除效果要求，设定草滤带长度为 30m。

4）沟渠系统的参数设定。根据实验结果，系统达到要求的去除效果时，沟渠系统中的水力停留时间需大于 20min，根据项目区降雨量和汇水面积，并考虑充分发挥填料和植物的吸附作用，沟渠的长度设置为约 310m，截面积为 0.44m²。

3.3.12.3　应用案例

在富磷山区选择一富磷区汇水沟，建立了四级植物拦砂坝、1 个沉砂池、1 个草滤带和沟渠处理系统，占地总面积约 1300m²。

3.3.13　复合型污染河道水体强化生物接触氧化-多级人工湿地组合处理技术

3.3.13.1　基本原理

通过新型模块化生物接触氧化-生态滤池组合工艺、农村生态沟渠往复式植物栅格系统和密植型生态浮床等技术的集成优化，因地制宜，利用河边滩等荒弃地，采用异位和原位双重净化方式，在入河之前对污染物进行生态拦截与深度净化，最终实现入河污染物负荷的有效削减，为水体水功能稳定达标和饮用水水质安全提供保障。

3.3.13.2 工艺流程

1）沟渠来水首先经过格网过滤，去除水中较大的悬浮物。

2）格栅出水流至生态填料接触氧化渠进行预处理，氧化渠内放置纤维生态草填料，并对水体进行曝气，以保证处理效果。

3）出水流入多级生态滤池系统，利用基质-微生物-植物的共同作用对河水进行净化。

4）在河道里构建密植型高效生态浮岛和强化净化型生态湿地以实现对入河污染物的原位净化。

3.3.13.3 应用案例

已成功应用到北苕溪入河污染物截留与消纳净化示范工程和余杭区北湖水源地水质生态保障示范工程，并将取得较好的水质净化效果，区域农村污染物系统削减技术示范工程的 COD、TN、TP 和 NH$_3$-N 去除率分别达到 57.5%、73.8%、75.8% 和 59.0%。并将微污染水体生物接触氧化-复合流人工湿地强化截留与净化技术作为方案的核心技术，进行海宁自来水厂原水生态净化。

3.3.14 湖口区污染物拦截前置库构建技术

3.3.14.1 基本原理

由于滆湖污染负荷主要来自入湖河流，通过在湖口区构建前置库系统进行污染拦截。前置库系统采用了新型复合式生态回廊技术、湖口区天然能源驱动提水技术，并结合生态浮床、水生植被修复、生物操纵等技术，通过沉降吸附、微生物降解、动植物吸收等作用，实现对入湖污染物的高效去除和水域的生态修复。

3.3.14.2 工艺流程

前置库系统包括调蓄缓冲区、生态拦截区、强化净化区、深度净化区、生态稳定区和导流系统。

（1）调蓄缓冲区

调蓄缓冲区位于系统最前端，通过一条溢流坝与下游生态拦截区隔开，对系统进水水质和流速进行缓冲，还通过曝气增氧，去除水体有机物和营养盐。调蓄缓冲区尾部设计溢流坝布水系统，使调蓄缓冲区待净化水体可以顺利且均匀地进入生态拦截区。

（2）生态拦截区

在污水进入主库区的最前端，对库区水下地形以及边坡进行改造，并种植大型挺水植物-芦苇，建成生物格栅，既对引入处理系统的河水中泥沙等进行拦截和沉降处理，又去除了水体中氮磷以及有机物。

（3）强化净化区

主要应用浮游植物强化净化技术、生态浮床强化净化技术、人工基质附着生物强化净化技术等生物-生态方法，在短时间内对水体氮磷和有机物进行强化净化。

（4）深度净化区

利用自然湿地原理进行水体净化。自然湿地内不添加填料，种植芦苇作为湿地植物，主要依靠土壤吸附、植物吸收和颗粒物自然沉降对水质进行净化。湿地水流采取回廊式设计，使流经的水体与土壤和植物充分接触，增加土壤吸附能力和植物吸收面积，延长水力停留时间，增强湿地的净化能力。

（5）生态稳定区

在生态稳定区种植各种类型的水生植物，包括挺水植物、浮叶植物和沉水植物，并放养浮游植物食性的鱼类、蚌、螺，以期构建复杂稳定的生态系统，达到进一步削减水体污染物的目的。

（6）导流系统

导流系统主要由水体提升装置、溢流坝、导流坝和出水闸门组成。水力提升装置将河道富营养化水体提升至前置库净化系统，经过溢流坝对水体流态进行调整后进入主体净化系统。导流坝的作用主要是延长水体在前置库内的停留时间。通过出水闸门控制系统内的水位高低和水体下泄。

3.3.14.3　应用案例

在滆湖西北部，夏溪河与扁担河汇合入滆湖的湖口处，构建了前置库技术示范工程。示范面积为 100 亩，蓄水量为 50000m^3，采用风车提水调蓄、人工复合生态回廊、前置库系统水力调配等技术。示范工程面积约为 2.3km^2，目标是拦截进入滆湖的污染物，削减滆湖污染负荷。经前置库技术示范工程处理后 TN、TP、COD 分别削减 42.79％、37.96％、4.59％。

3.3.15　耦合生态清淤-多级截控-水体原位生态净化的重污染黑臭河道水质改善技术

3.3.15.1　基本原理

通过对示范河道（海河故道）底泥内源污染物（有机质、N、P、微生物指标）监测和外源污染负荷调研，结合河道水质目标要求，确定各河段降雨径流 COD 的最大日负荷为524kg/d，各河段COD削减率为30.4%～50.4%，制定了清除内源-截控外源-水体原位强化净化的综合整治与水质改善方案。

根据海河故道沉积物中氮磷污染物的分布特征，以不破坏河底生态环境及自净能力为原则，确定去除污染负荷的生态清淤控制值为TN含量≥海河故道沉积物中氮量，TP含量≥海河故道沉积物中磷量，清淤深度不少于1.0m。

为控制入河和维持河道水质集成生态沟渠-生物滞留池-多维循环湿地缓流渗滤-岸边植被-生态河道组成的点-线-面梯级截控系统，通过岸坡植物截流吸收、生物滞留池沉淀与分解、湿地缓流渗滤截污系统的填料与生物联合作用，达到入河径流污染负荷COD、SS削减率大于38%。河道内设置太阳能曝气强化组合浮床原位生态净化设施，SS和COD的平均去除率达到30%和21%。

3.3.15.2 应用案例

应用该技术于海河故道综合治理示范工程，实现了农村排水和暴雨径流复合污染黑臭水体污染负荷的有效降低，水体水质由示范前的重度黑臭变为接近地表水Ⅴ类，消除了河道黑臭现象。削减COD16.74t/a。示范工程年运行成本为0.46元/m² 水面。

3.3.16 泥膜耦合-多段沉淀旁路治理工艺

3.3.16.1 基本原理

泥膜耦合单元将活性污泥法与生物膜法相结合，形成耦合机制，驯化、培养优势微生物菌种，高效去除水体中COD、NH_3-N等有机污染物；经平流沉淀与磁混凝沉淀两级工艺去除TP及SS，快速提高水体透明度，使水质稳定达到或优于地表水Ⅴ类标准。

3.3.16.2 工艺流程

工艺流程由泥膜耦合生化＋预沉淀＋磁混凝沉淀组成。

1）泥膜耦合生化系统主要设计参数如下。

停留时间：$T=6h$；混合液悬浮浓度：MLSS＝4000mg/L。

2）预沉淀一体化设备主要设计参数如下。

表面水力负荷：$q=2m^3/(m^2 \cdot h)$；沉淀时间：$T=1.6h$。

3）磁混凝沉淀系统主要设计参数如下。

沉淀区水力负荷：$q=17.5m^3/(m^2 \cdot h)$。

3.3.16.3 应用案例

此技术被应用于龙湖入湖口水质提升应急工程（EPC）项目，据2020年12月31

日水质监测报告，龙湖公园进水口氧化还原电位为 -96 mV，NH_3-N 为 18.1mg/L，透明度为 25cm，DO 为 1.4mg/L，龙湖公园出水口氧化还原电位为 162mV，NH_3-N 为 0.068mg/L，透明度为 132cm，DO 为 7.3mg/L，达到消除城市黑臭水体标准。

3.3.17　膜曝气生物膜反应器污水处理技术

3.3.17.1　基本原理

微生物膜附着生长在透氧中空纤维膜表面，污水在中空纤维膜周围流动时，水体中的污染物在浓度差驱动和微生物吸附等作用下进入生物膜，经过生物代谢和增殖被微生物利用，使水体中的污染物同化为微生物菌体固定在生物膜上或分解成无机代谢产物，从而实现对水体的净化。

3.3.17.2　工艺流程

膜曝气生物膜反应器是融合了气体分离膜技术和生物膜水处理技术的新型污水处理技术。利用这种人工强化的生态水处理技术能使河湖水形成具有自我修复功能的净化水生态系统。MABR 具有常规水处理技术无法比及的技术优势、工程优势、成本优势。

1）对于流动的河道，采用帘状固定式膜净化系统。

2）对于非流动的大面积水域，采用浮岛移动式膜净化系统。

3.3.17.3　技术指标

黑臭水经过处理后可以快速消除黑臭，劣 V 类水体经过处理后，水体主要指标可以达到地表水 V 类标准。

典型规模：河道总面积约 2.6 万 m^2，平均水深约 2m。

工程投资：总投资 615 万元，折合 236.5 元/m^2 水面。

运行维护费用：0.167 元/（$m^2 \cdot d$）。

电费：运行功率为 11kW，按照 1 元/（$kW \cdot h$）电计算，电费为 264 元/d。

人员工资：2 人，每人工资 200 元/d，共需 400 元/d。

维修管理费：按照年维修管理费用为总投资的 2% 计算，约 337 元/d。

设备折旧：MABR 工艺设备一般使用寿命为 5～10 年，按照最短的 5 年计算，折旧费约为 3370 元/d。

3.3.17.4　应用案例

此技术被应用于东排明渠人工强化水生态修复项目，河道长 2.3km，水面宽 25～

40m，边坡比为 2：1～1：1，水深 1～3m，工程投资 7325055 元（包括设备投资 6500000 元，安装调试费 825055 元），于 2020 年 4 月 30 日投运，2020 年 5 月 20 日验收合格，水体经过处理后，水体主要指标可以达到地表水 V 类标准。

3.3.18　基于无机材料的水质改善与净化技术

3.3.18.1　基本原理

GLACERA 的微细气泡可吸附污垢，同时成为该水体中微生物的载体，促进微生物增加及对象水体净化。因为是无机类，按吸附物质和污垢有所不同，可以作为土壤处理。原材料使用废玻璃，环保，可减少垃圾。可用于各种领域或各种用途，不产生垃圾。

3.3.18.2　工艺流程

将产品 GLACERA 放入网袋用于水池等净化（附图 3-6）。也可以直接把产品投入排水罐，但要考虑取出时是否方便容易，如放入微生物则效果更好。操作简单易行，可以提高水体的透明度（附图 3-7）。

3.3.18.3　用途

1）用于水池。

原来浑浊、夏季发出恶臭的水池，使用后不再浑浊，也无臭味。

2）用于水槽。

放入 GLACERA，可延长换水周期，清扫也容易，从而降低成本。

3）放入食品加工厂的排水罐进行排水处理。

使用 GLACERA 前曾经用别的东西进行处理，操作简单，使用后可作为肥料撒于农田，从而降低成本。

4）可设置于任何地方，各种行业均可使用。

3.3.19　重污染水体底泥环保疏浚与生态重建技术

3.3.19.1　基本原理

环保疏浚以勘察设计，污泥疏挖、处置、利用为主线，系统采用环保疏浚与二次污染防治的系列化技术，全面提升环保疏浚技术水平，主要关键技术有精确薄层疏浚技术、防扩散技术、余水处理技术、堆场防渗技术、污泥干化及污泥资源化利用技术。生态重建以营养盐削减、生境改善、植被重建、稳态调控为主线，采用系统技术提升生态恢复效果，主要的关键技术有：陆生植物浮床改善生境修复湖滨带技术、水位调控法生态重建技术、群落时空调控法生态重建技术、水生动植物优化组合改善生境生态重建技术、湖滨区低浓度污染物强化净化技术。

3.3.19.2　技术指标及特点

（1）技术指标

1）环保疏浚技术指标：疏挖精度＜10cm；细颗粒扩散距离＜5m；细颗粒去除率＞95％；余水处理率＞95％；余水排放 SS 浓度＜200mg/L。

2）生态重建技术指标：水生覆盖植被度＞30％；生物多样性指数达中度；生态系统稳定性达稳态。

3）经济指标：重污染水体环保疏浚与生态重建的经济指标根据污染情况差异性较大，通常根据污染情况和修复目标进行修复方案规划设计，根据规划设计所采用的方案测算经济指标。

（2）特点

环保疏浚系统研究了环保疏浚与二次污染防治技术，全面提升了环保疏浚技术水平。生态重建研发了陆生植物浮床改善生境修复湖滨带技术、水位调控法生态重建技术、群落时空调控法生态重建技术、水生动植物优化组合改善生境生态重建技术、湖滨区低浓度污染物强化净化技术等。

3.3.19.3　应用案例

案例名称：五里湖重污染底泥环保疏浚与生态重建。

项目概况及效益：本项目于 2002 年 7 月开始，2006 年 6 月完成。五里湖水生植物覆盖度与生物多样性指数明显提高，水质改善显著，TN 平均浓度下降 63％，接近地表水 V 类标准；TP 平均浓度下降 61％，接近地表水 III 类标准；NH_3-N 平均浓度下降 77％，已达地表水 III 类标准。五里湖实施的环保疏浚、退渔还湖和生态重建示范工程与五里湖综合整治工程的其他措施相配合，为水质改善和生态恢复起到了很好的作用，环境改善让市民拥有了一个环境良好的休闲场所，同时，周边土地价格大幅度提高，也给当地政府增加了经济收入。

3.3.20　雨源性城市河流黑臭消除与生态修复关键集成技术

3.3.20.1　基本原理

针对城市雨源型河流黑臭污染现状和水生态功能恢复的难题，即区域人口高度集中、土地高度开发、产业高度集中、地表高度硬化、污水高强度排放引起水生态功能严重受损，以丁山河流域为例，秉承污染物控源减量、水环境提效增容、生态修复与景观功能提升的全流域统筹治河理念，确定以 DO 为核心指标、以 COD、NH₃-N 控制为主要抓手的黑臭河流治理标准，充分考虑城市河流治理的艰巨性、长期性、阶段性，以黑臭水体根治和海绵城市建设为抓手，以城市排水系统和河流湿地生态治理为着力点，详细划分流域治理空间单元、开展环境容量核算与污染负荷削减分配，以水安全、水资源保障、水污染控制、水生态修复与水域陆域景观提升为核心要素，开展具体工程实施，实现水清岸绿的工程效果。

3.3.20.2　工艺流程

技术体系坚持高污染负荷削减工程优先实施、流域水安全保障工程优先实施、综合治理保障工程优先实施原则，其工艺流程具体如下。

1）以支流主河道红线为核心，通过清淤、暗涵改造、岸堤拓宽加固等措施，开展水系连通与防洪安全保障工程，实现防洪达标与水体流动复氧；

2）以污水处理厂尾水回调与库塘湿地的蓄水为核心，开展全流域水量保障工程，实现全年上游不断流、中下游基流量稳定，为水体自净功能恢复提供较好的水动力条件；

3）以排水系统完善与控源截污为核心，消除流域污水直排口、削减初期雨水污染并完成污水处理厂的深度净化，大幅削减点源负荷；

4）以城市积水点为核心控制单元，开展 LID 技术因地制宜应用，实现雨水的渗、滤、净，控制面源污染，发挥流域海绵城市建设的生态功能；

5）以流域现存的库塘系统为依托，因地制宜地构建塘、库、河口、岸滩湿地系统，以生态岸边带措施为辅，净化水质，提升河流自净能力，提高河流生态系统的生物多样性；

6）以沿河亲水节点为核心打造水景观提升工程，提高陆域景观生态系统的服务功能；

7）通过水环境监测网络、智能管理系统与日常维护管理模式的构建，建立流域长效管控方案，保障流域水环境稳定、生态系统功能持续提升。

3.3.20.3　主要技术指标

技术体系围绕"十二五"阶段政府对流域黑臭消除的水质要求，全河段统筹、因地制宜地采取针对性工程措施，充分吸收国家水体污染控制与治理科技重大专项在亚热带雨源型河流水污染控制与水生态修复的技术成果，建立污染精确减排、生态修复与智慧管理相结合的治理模式，为城市黑臭水体的治理提供可行的工程案例，为高度集约化建成区海绵城市建设提供参考样板。尾水多级净化单元的主要技术经济指标是 COD、NH_3-N、TP 分别削减 25%、20%、25% 以上，湿地建设成本小于 300 元/m^2；LID 技术单元建成后 SS、COD、NH_3-N、TP 分别削减 50%、30%、30%、30% 以上。

3.3.21　水质目标导向的重污染生态河网水质净化关键技术

3.3.21.1　基本原理

以流域水污染过程控制、水质和经济目标为导向，针对农村沟渠氮磷污染负荷高，河流黑臭、溶氧低的特点，研究农村混合污水生态净化与灌溉减排技术，实现沟渠污染物大幅度削减以及水资源化利用；针对流域河流 COD、NH_3-N 浓度高，高等水生生物难以存活，水生态结构与功能受损，生态学容量低的问题，研发重污染支流近自然湿地生态修复与水质改善技术，实现河道生态修复与水体自净功能；针对流域湖区食物网结构简单、稳定性差，生态河网的水体自净功能和经济效益难以正常发挥的问题，研发基于水质与渔业目标的湖库食物网优化调控技术，实现湖区生态修复、水质改善与渔业经济目标。通过水质目标导向的重污染生态河网水质净化关键技术，实现流域河网水污染治理、生态修复和经济效益的协调统一。

3.3.21.2　工艺流程

研发适应农村生活污水排放特点的、多种工艺集成的多级生态塘净化技术与灌溉减排技术，通过厌氧发酵与好氧发酵结合的多级塘处理农村混合污水，逐级深度净化沟渠水质，削减河流污染负荷，让主要水质指标 COD 和 NH_3-N 由地表水劣Ⅴ类提高到Ⅴ类标准；基于河道不同水质条件下水生植物适应性群落格局及其演化过程研究，研发重污染河流近自然湿地生态修复与水质改善技术，恢复重污染河流水生植物群落，改善河流内生物的生境条件，提高重污染河流的水质净化功能，让主要水质指标 COD 和 NH_3-N 由地表水Ⅴ类提高到Ⅳ类标准；通过湖区氮磷营养盐浓度-藻类密度-鱼类生物量相互作用机制研究，研发基于水质与渔业目标的湖库食物网优化调控技术，恢复八里河湖区复杂的食物网结构，降低水体中氮磷等污染物的含量和水华暴发风险，提高渔业产值，确保湖区出水 COD 和 NH_3-N 基本达到地表水Ⅲ类标准，实现湖区水质、生态和经济的协调统一。

3.3.21.3　技术先进性分析

多年来，养殖、农产品加工以及生活污水等不经过处理直接排放到沟、渠，导致了八里河流域河网污染负荷大、河流黑臭、溶解氧低，耐污性强的香蒲、芦苇等都难以生存，河网自净能力低，污染的河水难以进一步利用，造成水资源缺乏，严重影响了人类的健康及社会经济的发展。由于缺乏相应的灌溉减排后风险的评价以及重污染河流治理技术，因此，开展农村混合污水多级生态塘净化与灌溉减排技术、重污染支流近自然湿地生态修复与水质改善技术以及基于水质与渔业目标的湖库食物网优化调控技术，突破水质目标导向的重污染生态河网水质净化关键技术，恢复重污染生态河网、提高水体的自净功能，实现产值提升与水质改善的双赢，是具有创新性的研究方向，对于保障农村重污染河流治理并推动经济发展具有决定性的意义。

3.3.22　多重人工强化生态缓冲带污染削减技术

3.3.22.1　基本原理

针对水源区难以收集和集中处理的生活污水污染，以及集中式污水处理厂尾水排放标准与水环境质量之间仍然存在较大落差的问题，在污染物扩散点与入流水体之间及河道内，开展污染拦截与生物修复技术研究，从构筑形式、填料组成、植物选配和水力负荷、有机负荷等运行技术参数等方面，研发了适合水源区特色的多重人工强化生态缓冲带污染削减技术，包括土壤包气带缓冲屏障与水平潜流人工湿地入河生态缓冲屏障污染削减技术，以及表面流人工湿地、复合生物基生态浮岛、微气泡曝气-菌藻生物膜河道水体原位强化污染削减技术，通过截流、吸附、沉淀、微生物降解、植物吸收等作用，最大限度地阻断污染物进入河道和削减河道污染负荷，氮、磷和COD等主要污染物在上述组合工艺中得到了有效去除，出水达到地表水Ⅳ类标准。

3.3.22.2　工艺流程

针对水源区生活污水处理厂尾水排放标准与水环境质量之间存在较大落差、神定河控制断面水环境质量不达标的问题，研发适合水源区特色的多重人工强化污染削减技术。本技术包括土壤包气带缓冲屏障、水平潜流人工湿地、表面流人工湿地、复合生物基生态浮岛、微气泡曝气-菌藻生物膜污染削减技术，通过其有机结合解决微超标、低浓度氮磷污染地表水的经济修复技术问题。土壤/包气带型生态缓冲屏障：下部为10cm的鹅卵石层（粒径1～0.5cm），中间为40cm的粗砾石＋5%碎木片层（粒径0.5～1cm），上部为5cm的细砾石层（粒径0.25～0.5cm），最上层为10cm的种植土壤，并种植有本地常见的边坡草；水力负荷为0.15m³/m²。生物基复合功能材料生态浮岛：海藻酸钠投加量1.5%、交联时间12h、菌体投加量2g、无机载体为竹炭4g；搭配美人蕉和菖蒲等作为复合浮岛植物，水力停留时间为1d。

3.3.22.3　主要技术指标

1）复合生物基生态浮岛，除具有传统生态浮岛的植物净化作用外，还具有吸附、沉淀、离子交换、生物降解等性能，明显提高了对河流水质净化的效率；用于河、库水体原位修复与净化，对劣Ⅴ类河流水体中的 COD、NH_3-N、TN、TP 的去除率分别高达 79%、88%、73%、85%，比传统生态浮岛对污染物的去除率提高了 21%～35%。

2）微曝气-藻菌生物膜体系由弹性填料构建，在水中呈立体均匀排列辐射状态，比表面积大、透光性好，有利于藻类的生长，微生物和藻类的共生关系强化了水体的自净功能，其对污水的 COD、TN、NH_3-N 和 TP 的去除率分别达到 50%、45%、40% 和 60%。该关键技术适合高水质要求的水源区入河污染削减及河道原位水质净化。

3.3.23　基于 EPSB 高效菌种的底泥原位治理技术

3.3.23.1　基本原理

本工程以 EPSB 生物生态水污染综合治理技术为核心，多种技术集成，并辅以生态缓冲带和微曝气富氧技术等手段对阳化河流域施家镇示范段水体进行综合治理，以实现底泥原位治理＋水质提升。

3.3.23.2　工艺流程

本工程通过各项措施集成（图 3-9），从生物修复入手，重建了水生生态链，全面恢复了水体自净能力，提升了水体感官，改善了水质，达到了良好的治理效果。所采用的核心技术 EPSB 生物生态污染综合治理技术具有以下 4 个特点：①原位修复，标本兼治；②绿色无毒，环境友好；③治理经济，施工便捷；④生态修复，功能持续。

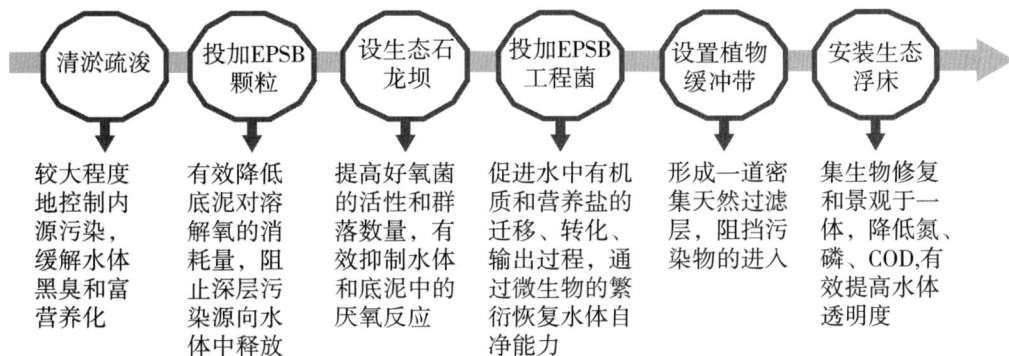

图 3-9　工艺流程

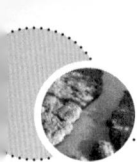

3.3.23.3 应用案例

该技术应用于简阳市阳化河流域施家镇示范段水体综合治理服务采购项目，施工范围为以红日大桥为界上游2km，下游0.2km处，实施区域总长约2.2km。本工程治理期为6个月，包括1个月重点治理期和5个月持续治理期。实施措施包括EPSB工程菌固化颗粒和菌液投放、设置活性生物基固定床反应器、设置生态浮床系统、设置微孔曝气盘、防控灾害水生植物及水域环境维护。治理期内，通过对阳化河流域施家镇示范段水体进行综合治理，确保了阳化河施家镇水质考核指标（纳入市级考核的主要水污染物指标）2018年1—7月均达到地表水Ⅲ类标准。

3.3.24 生态坝-库塘-湿地生态综合治理关键技术

3.3.24.1 基本原理

利用山区河流现有的洼地、空塘、河岸带以及湿地在河流上游的支流和河流交汇处设置生态透水坝、中下游设置库塘及湿地的生态综合治理关键技术。生态透水坝是由透水结构的石块垒筑而成，既能截留山坡上被降雨冲刷下来的泥沙和石块，又能充分利用坝前的河道贮存1次或多次降水径流，在水资源短缺时能够减少河水流失，有利于山区河流生态系统的稳定。生态透水坝利用坝体上微生物和植物的共同作用吸收和降解水中的氮磷等污染物质，有效地降低面源污染负荷。将库塘应用到北方山区河流生态综合治理中，利用库塘存储容量大的特点来蓄积、沉淀和净化河水，并延长洪水的停留时间，缓冲山区洪水。湿地生态系统主要通过沉积作用、植物吸收，以及土壤的吸附、截留、过滤和微生物分解等作用对水质进行进一步净化。该关键技术，从截-蓄-保3个方面实现了对北方山区河流的生态综合治理。

3.3.24.2 工艺流程

该关键技术主要由生态透水坝技术、库塘技术和湿地技术构成，将生态透水坝、库塘和湿地系统进行有机组合。在河流上游的支流和河流交汇处设置生态透水坝、中下游设置库塘和湿地。生态透水坝在山区支流及其交汇处均有设置，由碎石、砂石或砾石材料构筑而成，背水面为下宽上窄的阶梯形状，增加坝体的牢固性；库塘的位置、形态和深度依据山区河流当地的地形地貌特征、土地利用的要求以及经济发展水平等因素，充分利用现有的洼地、空塘和开阔地进行构建，库塘的数量可设置为1个或多个，多个库塘依次相通，以增强其蓄水、防洪和净化能力；河流生态库塘下游利用现有的湿地和开阔区域设置湿地系统，不同类型的湿地系统可以通过串联或并联的方式进行组合，以达到逐级削减污染物负荷的目的。

3.3.24.3　主要技术指标

生态坝-库塘-湿地生态综合治理关键技术，将生态学原理和河流治理工程相结合，能够恢复山区河流生态系统，使其具有防洪、维系水生态系统、降低面源污染等功能，实现生态可持续发展。生态透水坝的坝体由碎石、砂石或砾石材料构筑而成，背水面为下宽上窄的阶梯形状，增加坝体的牢固性；迎水面固定有三角锥木桩石笼，其内填充有避免沿河道滚下的石块直接撞击坝体的砾石层，同时起到净化水质的作用；另外，在生态透水坝上种植水生植物，以提高氮磷等污染物质的去除率。充分利用现有的洼地、空塘和开阔地构建库塘，保存原有河道的自然景观，恢复河流的自然流态和生态功能。数量可设置为 1 个或多个，以增强其蓄水、防洪和净化能力。在库塘中种植水生植物，以增强对污染物的降解能力。库塘的周围设置岸边缓冲带。在山区河流生态库塘下游利用现有的湿地和开阔区域设置湿地系统。在实际应用过程中，要综合考虑山区地形地貌特征、土地利用要求等因素，不同类型的湿地系统可以通过串联或并联的方式进行组合，以达到逐级削减污染物负荷的目的。在山区河流两侧恢复河流岸边带生态系统，构建河流岸边带水系统。在河流岸边带内种植水生植物，为鱼类、微生物和两栖动物提供生物栖息地，达到恢复河流岸边带生态系统和河流自然景观的目的。为了保持山区河流的自然形态，防御洪水及水流对河岸的冲刷，河道非拐弯处和拐弯处均设置三角锥木桩石笼。植物要选择对流域特征污染物去除能力强、生物量大的本地优势物种。同时，物种的多样性、季节性搭配、经济性和植物群落配置最优原则等问题也是需要考虑的。基质材料选择时也要考虑材料的生态友好性，使北方山区河流治理达到最好的工程和生态治理效果。山区河流生态综合治理模式的经济成本主要包括山区河流调查成本、设计成本、土地成本、工程材料费、人工建设费、日常运行和维护成本等。利用河流现有的洼地、空塘以及湿地构建的北方山区河流河道生态治理模式，不需要额外占用土地资源，减少人工建设费并且利用库塘进行蓄水，能够节约调水成本，具有很大的经济效益，有利于该模式在山区河流中的推广应用。工程材料如石料可以就地取材，成本低廉，而且一般不需要后期维护费用。另外，由于该模式具有建设和运行成本低、出水水质好、抗冲击力强、操作简单、维护和运行费用低廉等优点，在山区河流治理方面具有良好的适应性，基本不需要专业人员管理和操作。

3.3.25　耦合控源截污-原位净化-生态补水的城市河渠水环境功能保护技术

3.3.25.1　基本原理

耦合控源截污-原位净化-生态补水的城市河渠水环境功能保护技术是一种综合技

术，以水污染过程控制、水质及经济目标为导向，针对城镇和农村小微水体氮、磷污染负荷高，河流黑臭、溶解氧低及水生生物难以存活的特点，研发基于构建河渠健康稳定的水环境功能综合技术，实现沟渠河道污染物大幅度削减、水质改善及生态修复目标。

3.3.25.2 工艺流程

在纳污水体范围内先完成截污纳管、雨污分流和排涝工程改造等工程措施，以内源污染治理为核心，再辅助生态补水工程措施，恢复城市河渠健康稳定的水环境功能。内源污染治理以原位控制和异位控制两种净化方式，达到污染物降解及藻类控制的目的。

1）以排水系统完善与控源截污为核心，改造完善沿河截污系统，消除流域污水直排口、削减初期雨水污染并完成污水处理厂的深度净化，大幅削减点源负荷；

2）以干支流内源污染治理为核心，通过覆盖技术、化学控制技术、生物修复技术和异位处置技术对底泥进行疏浚治理，使水域的水体状况得到改善，降低或削减沉积物中污染物的库存量；

3）以污水处理厂尾水回调为核心，开展流域水量保障工程，对流动性差的水体提供一定水量和质量的生态用水，增加河道水流量，营造水流形态，丰富河流生态，为水体自净功能恢复提供较好的水动力条件；

4）以城市积水点为核心控制单元，开展 LID 技术因地制宜应用，实现雨水的渗、滤、净，控制面源污染，发挥流域海绵城市建设的生态功能；

5）通过水环境监测网络、智能管理系统与日常维护管理模式的构建，建立流域长效管控方案，保障流域水环境稳定、生态系统功能持续提升。

3.3.25.3 技术先进性分析

由于人类不正确的生产生活理念，如初期雨水及生活污水等不经过处理直接排放到沟、渠，容易导致城镇和农村河网污染负荷大、河流黑臭、溶解氧低，水生生物难以生存，河网自净能力低，污染的河水难以进一步利用，造成水资源短缺，严重影响了人类的健康及社会经济的发展。因此，开展控源截污-原位净化-生态补水综合技术，恢复重污染生态河网、提高水体的自净功能，实现产值提升与水质改善的双赢，是一项创新性研究，对于保障城镇和农村重污染河流治理并推动经济发展具有决定性的意义。

3.4　适宜长江流域小微水体的绿色治理技术

3.4.1　筛选原则

在小微水体治理技术分类基础上，针对富营养化和黑臭两类典型特征，从国家生态环境科技成果转化综合服务平台查找相关成熟技术及应用案例，并结合长江流域特征，筛选具有特色的技术，其筛选过程应遵循以下原则。

（1）生态友好原则

长江流域生态系统丰富多样，小微水体绿色治理技术应避免对生态环境造成二次污染，技术要有助于维护水生态系统的完整性和稳定性。

（2）高效性原则

长江流域小微水体数量众多，治理技术应能够快速有效改善水体质量，同时，还应该使其处理效果保持持久性。

（3）经济性原则

长江流域地域辽阔，小微水体特征各异，需要考虑治理成本。技术应具有成本效益优势，应结合当地的资源优势来降低成本，如原材料与建设成本、运行和维护成本等。

（4）适用性原则

考虑长江流域的地理、气候等自然条件，结合小微水体的类型、污染程度及水体功能等选择适宜的技术。如长江流域降水丰富，在雨季时水体水量变化较大，治理技术应能够适应这种水量波动。

（5）易操作性原则

治理、维护不应过于复杂，需要方便施工与管理。

（6）协同性原则

治理技术要与流域内的其他生态环境治理措施相协同，使小微水体治理成为流域综合管理的有机组成部分，有助于提高整个长江流域生态系统的健康水平。

3.4.2　筛选方法

小微水体治理技术的筛选可参考初步筛选-风险评估与管理-最终技术确定的基本流程。

3.4.2.1 初步筛选

1）技术匹配度。对收集的治理技术的基本原理、适用范围、处理效果等进行筛选，剔除明显不适用的技术。

2）技术成熟度判断。查看这些技术的应用历史和推广范围，成熟的技术通常有较多的实际工程案例和较长时间的应用记录。同时，考虑技术是否通过相关机构的认证或评估。一些经过权威机构认证的技术在可靠性和安全性方面更有保障，对于尚未经过充分验证的新技术谨慎对待，除非有特别的优势和实验数据支撑。

3）本效益评估。参考已有的案例研究或实验数据，估算这些技术在长江流域应用后的预期效益，如水质改善程度、生态功能恢复情况等，将预期效益与成本进行比较，剔除那些成本过高而效益不显著的技术。

3.4.2.2 风险评估与管理

识别这些技术应用过程中可能存在的风险，如技术失效风险、二次污染风险、生态破坏风险等，对于风险较高且难以控制的技术，谨慎考虑其应用。

3.4.2.3 最终技术确定

根据以上结果，确定最适宜长江流域小微水体绿色治理的技术。选择那些推广应用多、效益好且风险可控的组合技术作为推荐技术。

3.4.3 筛选结果

从技术应用效果、经济成本等方面，对适合长江流域小微水体绿色治理的技术进行筛选归纳，详见表3-4。对于表中所列技术，重点推荐低成本的支浜水质净化与生态修复技术、泥膜耦合-多段沉淀旁路治理工艺及基于 EPSB 高效菌种的底泥原位治理技术等。另有河道底泥清淤＋生态修复的治理技术、耦合控源截污-原位净化-生态补水的河渠水环境功能保护技术、耦合控源截污-疏浚通淤-生态护岸的沟渠水环境功能提升技术和集成曝气复氧＋水生植物修复＋水生动物修复＋微生态修复的水生态系统构建技术，分别以长江流域典型城市、城镇和农村小微水体 SLH、BXH、GMH 及 SSH进行实证分析与评估。其中城市小微水体以黑臭河流和富营养化湖泊为例，城镇和农村小微水体以黑臭河流为例。

表3-4

适宜长江流域小微水体的绿色治理技术汇总

类型	序号	技术名称	应用地	应用效果	经济成本
富营养化	1	湖泊蓝藻水华仿生过滤/磁分离/原位深井控制成套技术	江苏梅梁湾	蓝藻去除率达到85%以上,水华发生频次和面积削减50%以上;内部水体蓝藻削减90%以上,挡藻率70%~80%;叶绿素a平均效率最大削减50%以上,环湖水质TP达到或优于地表水Ⅱ类标准	工程投资成本1128万元,运行成本0.03元/m³
	2	物理-生物联用蓝藻水华防控成套技术	合肥派河	蓝藻水华削减60%以上,水华发生频次和面积削减50%以上,叶绿素a平均效率最大削减50%以上,TN,TP平均最大削减30%、40%以上,水质达到地表水Ⅲ类标准,修复区内生物多样性显著提高	工程投资3917.87万元,运行成本150万~200万元/a
	3	富磷流域磷污染综合治理和水华控制技术体系	湖北香溪河	工程实施后,农业面源磷的流失量降幅达55.41%;工程区域内TP浓度降低15.19%;内源磷释放得到控制;藻类水华暴发频率降低44.4%,水华覆盖面积减小30.9%,整体实现全流域磷污染负荷减少10%~15%	—
	4	丝状藻类异常增殖生态控制及内源污染物释放控制技术	杭州西湖	示范水域中沉水植物恢复面积大于30%,着生藻细胞密度值降低了2个数量级,叶绿素a浓度平均下降了80%以上	—
	5	湖湾蓝藻高效防控集成技术	安徽巢湖	TN和TP去除率平均为15.70%和30.75%,藻类去除率为35.48%	—
	6	集成曝气复氧+水生植物修复+水生动物修复+微生态修复的水生态结构构建技术	SSH	水质改善效果不明显	

续表

类型	序号	技术名称	应用地	应用效果	经济成本
	1	半浸桨曝气湖泛应急处置技术	太湖竺山湾符渎港东南水域	曝气后 3h,水体溶解氧平均值为 0.65mg/L,曝气后 20h 监测,水体溶解氧平均值为 4.91mg/L,湖泛基本消失	—
	2	底泥多目标疏浚技术	安徽巢湖	塘西河、十五里河河口清淤工程量为 30.9 万 m³	治理费用 1000 万元/km²(不包括后续底泥处理)
	3	污染河流"梯级序列"原位净化多级污染控制技术	索须河	COD 去除率达近 40%,NH₃-N 去除率达 80%,TP 去除率达 50%左右,劣 V 类河生态净化后上升至 IV 类标准,色度、TN 远优于景观再生水标准,示范河段水体透明度平均增加 70%以上	—
黑臭水体	4	低成本的支浜水质净化与生态修复技术	宜兴市周铁镇竺山湾	上下游削减 TN、TP59.5%、67.2%	建设成本为 63.6 元/m²;年维护成本为 7020 元/km
	5	城市近郊河道小流域面源污染防控技术	无锡梁塘河	示范区内入河污染负荷 TN,TP 削减 35%以上	—
	6	湖滨-缓冲带生态建设成套技术	宜兴市周铁镇	河段修复实施后 NH₃-N 平均降低 60.3%,TP 平均降低 62.1%,缓冲带防护隔离区对上游来水中污染物 TN、TP、NH₃-N 的去除率分别达到 92.4%、92.8%、61.5%,区域内水体 TN 平均降低 6.8%,NH₃-N 平均降低 65.6%	—
	7	复合型污染河道水体强化生物接触氧化多级人工湿地组合处理技术	杭州北苕溪河	区域农村污染物系统削减技术示范工程的 COD、TN、TP 和 NH₃-N 去除率分别达到 57.5%、73.8%、75.8% 和 59.0%	—

续表

类型	序号	技术名称	应用地	应用效果	经济成本
	8	湖口区污染物拦截前置库构建技术	常州滆湖	经前置库示范工程处理后 TN、TP、COD 分别减42.79%、37.96%、4.59%	—
	9	泥膜耦合-多段沉淀旁路治理工艺	安徽龙湖公园	龙湖公园出水口氧化还原电位为 162mV，NH₃-N 为 0.068mg/L，透明度 132cm，DO 为 7.3mg/L，达到消除黑臭水体标准	—
	10	膜曝气生物膜反应器污水处理技术	东排明渠	水体经过处理后，劣 V 类水体主要指标可达到地表水 V 类标准	工程总投资 615 万元，折合 236.5 元/m²，运行费用 0.167 元/(m²·d)
	11	重污染水体底泥环保疏浚与生态重建技术	无锡五里湖	TN 平均浓度下降 63%，接近地表水 V 类标准；TP 平均浓度下降 61%，接近地表水 Ⅲ 类标准；NH₃-N 平均浓度下降 77%，已达地表水 Ⅲ 类标准	—
黑臭水体	12	基于 EPSB 高效菌种的底泥原位治理技术	简阳市阳化河	水质考核指标 2018 年 1—7 月均达到地表水 Ⅲ 类标准	—
	13	耦合控源截污-原位净化-生态补水的河渠水环境能保护技术	BXH	经过工程治理以及补水后，现状水质有明显改善，污染负荷削减 55.1%~98.5%	—
	14	耦合控源截污-疏浚通淤-生态护岸的沟渠水环境能提升技术	GMH	水体 COD 改善效果明显，浓度降低 48.7% 以上，但 TP 仍存在问题	—
	15	河道底泥清淤＋生态修复的治理技术	SLH	治理后水质指标达到地表水 Ⅳ 类标准，满足要求，治理效果明显	—

3.5 小结

根据技术原理，小微黑臭水体治理技术可分为物理法、化学法、生物法、生物-生态法以及综合上述方法的复合技术法等。

通过从国家水专项、重点研发计划、行业支撑计划等科技成果库进行污染水体治理技术筛选，富营养化水体治理技术筛选 8 项（包括湖泊蓝藻水华仿生过滤/磁分离/原位深井控制成套技术、物理-生物联用蓝藻水华防控成套技术等），黑臭水体治理技术筛选 25 项（包括重污染水体底泥环保疏浚与生态重建技术、基于 EPSB 高效菌种的底泥原位治理技术等）；结合长江流域典型小微水体特征，从技术应用效果、经济成本等方面评估筛选的绿色治理技术，提出适宜于长江流域小微水体绿色治理的技术 20 余项，其中重点推荐低成本的支浜水质净化与生态修复技术、泥膜耦合-多段沉淀旁路治理工艺及基于 EPSB 高效菌种的底泥原位治理技术等。

第 4 章　城镇河流绿色治理技术实证研究

4.1　研究区域

选择长江流域城镇小微河流 SLH 为研究对象。SLH 发源于 LS 北坡,由 LXH 水系和莲花水系交汇而成,河水自南向北流,沿途接纳 LXH、XYH,其中 XYH 以地下暗河形式汇入,经水利枢纽进入长江。全流域面积为 43.9km²,河长 12.9km,河道平均坡降为 29.34‰。河道沿岸有污水处理厂达标排放出水补水口,入河口附近有污水泵站排口。

2018 年以来实施长江大保护相关工程,包括雨污水管网、泵站、调蓄池、排水闸修复及新建、污水处理厂新建、河道治理与生态补水等水环境治理工程。工程整治之前,该河属于典型的黑臭水体,整治后水环境得到改善,但还存在返黑返臭现象。通过污染溯源方法,查找影响干流不同区段水质差异的原因,分析不达标指标的污染物来源,溯源至支流、补水口、污水泵站排口等,探寻整治工程薄弱节点,据此提出工程改进优化建议,为提升长江大保护工程综合效益提供支撑。

4.2　数据来源与分析方法

SLH 治理前的水质数据通过收集获得,治理后的水质数据以及污染溯源数据通过现场采样分析获得。

4.2.1　采样点位及分析指标

在 SLH 干流上布设 10 个点位,由上游至下游分别记为 1~13 号,其中 5 号位于污水处理厂补水口上游,9 号位于支流 LXH 汇入口下游 10m 左右,10 号位于支流 XYH 汇入口下游 10m 左右,12 号位于污水泵站排口下游 10m 左右;LXH 上布设 3 个点位,分别为 6 号、7 号、8 号(图 4-1)。

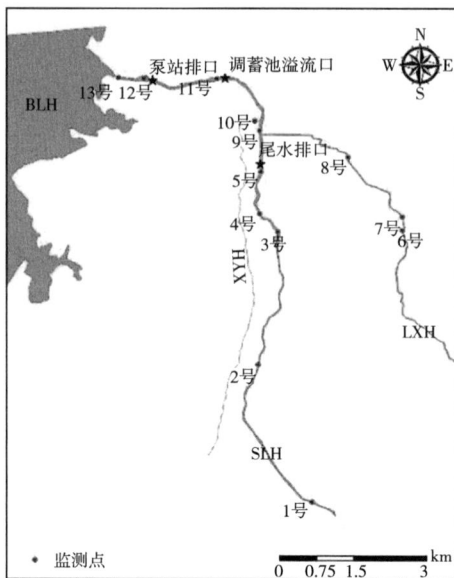

图 4-1　SLH 案例采样点位示意图

以 100mL 聚乙烯水样瓶采集水样，水样瓶口注满排出空气，用封口膜密封，冰袋保存寄回实验室，分析水体 $\delta^2 D$、$\delta^{18} O$ 同位素和常量离子 Ca^{2+}、Mg^{2+}、K^+、Na^+、Cl^-、SO_4^{2-}、CO_3^{2-} 及 HCO_3^-；同步采样测定常规水质指标 COD、$NH_3\text{-}N$、TN 和 TP 等。

4.2.2　分析方法

常量离子经醋酸纤维滤膜（孔径 $0.45\,\mu m$）抽滤，抽滤后的水样低温 4℃ 左右保存带回实验室，以 ICS3000 离子色谱仪测定。稳定同位素 $\delta^2 D$ 和 $\delta^{18} O$ 使用液态水同位素分析仪 DLT-100 测定，测试结果以相对标准海水（VSMOW）千分差值显示，$\delta^2 D$ 和 $\delta^{18} O$ 测试精度分别为：±1‰ 和 ±0.1‰。其他指标测定参考相关文献。

在污染溯源分析中，基于同位素质量平衡，采用二元线性混合模型计算水体贡献率，在此基础上进行主要污染溯源。二元线性混合模型如下：

$$\delta^2 D = F_1 \cdot \delta^2 D_1 + F_2 \cdot \delta^2 D_2 \tag{4-1}$$

$$\delta^{18} O = F_1 \cdot \delta^{18} O_1 + F_2 \cdot \delta^{18} O_2 \tag{4-2}$$

$$F_1 + F_2 = 1 \tag{4-3}$$

式中，$\delta^2 D$ 和 $\delta^{18} O$——干流的同位素丰度；

$\delta^2 D_1$、$\delta^2 D_2$——支流的氢同位素丰度；

$\delta^{18} O_1$、$\delta^{18} O_2$——支流的氧同位素丰度；

F_1、F_2——支流对干流水体贡献率。

4.3　治理前水质状况

4.3.1　治理前水质状况

根据收集资料，该小微水体目标为地表水 IV 类标准。在实施长江大保护工程以前，水质存在一定问题，曾为该城镇黑臭水体之一。

2018 年该小微河流水体 14 个采样点有 4 个采样点存在轻度黑臭现象，占 28.57%；2 个采样点重度黑臭，占 14.29%，综合评判为轻度黑臭。各指标误差线见图 4-2，其中 COD 浓度为 4.63～125.75mg/L，NH_3-N 浓度为 0.02～5.32mg/L，TP 浓度为 0.03～0.47mg/L。该水体水质在大部分时段未能达标，主要原因是 NH_3-N 超标比较明显，给城市社会经济发展带来一定负面影响。

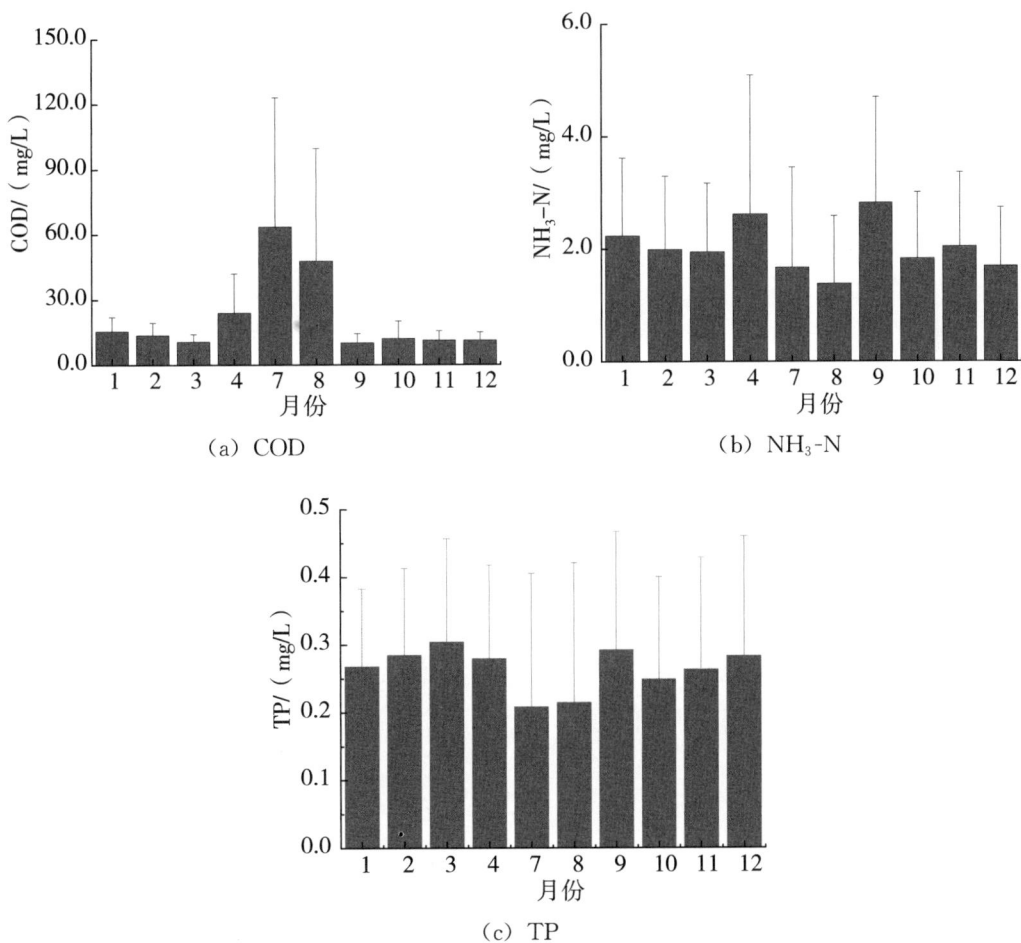

（a）COD

（b）NH_3-N

（c）TP

图 4-2　SLH 治理前水质状况

4.3.2 水体污染成因分析

根据生态环境局 2020 年 8 月以来监测水质（SLH 亲水平台）以及降雨数据，对常规水质指标和累积降雨量采用 Pearson 系数检验参数相关性，结果见表 4-1。由表可知，COD 与 TP、DO、降雨量之间相关系数值分别是 0.725、0.848、0.970，意味着 COD 与 TP、DO、降雨量之间有着正相关关系，降雨量对 COD 浓度变化有很大的影响；NH_3-N 与 TP、DO、叶绿素 a、降雨量均为负相关关系；TP 与 DO、降雨量之间是正相关关系，相关系数分别为 0.396、0.712；DO 与降雨量为正相关。综上，降雨量与 COD、TP、DO 正相关。可见，降雨除了通过间接冲刷地表挟带径流污染物进入河道外，还直接影响河道水体水质。

表 4-1 SLH 水质及降雨量之间的相关性

指标	平均值	标准差	COD	NH_3-N	TP	DO	降雨量
COD	53.125	38.89	1				
NH_3-N	0.937	0.963	−0.285	1			
TP	0.486	0.247	0.725*	−0.141	1		
DO	7.063	1.900	0.848**	−0.375	0.396	1	
降雨量	8.07	12.822	0.970**	−0.255	0.712*	0.892**	1

注：* $p < 0.05$，** $p < 0.01$。

4.4 绿色治理技术

SLH 水体采取的治理技术为河道底泥清淤＋生态修复的治理技术，其措施主要包括河道疏拓、控源截污、生态修复等。

4.4.1 河道疏拓

河道疏拓工程涉及疏通河道，即拓宽挖深河道以增大宣泄能力，同时修建堤岸，解决 SLH 和沿线支流的防洪排涝问题。

4.4.2 控源截污

4.4.2.1 点源整治

本工程外源点源污染源主要包括生产生活污水。外源治理结合沿线具体情况选择合适的方案：

1）对于已实行雨污分流的企业及小区进行源头改造。对市政道路下的二级管网及小区三级管网进行雨污分流改造。对现状合流二级管网进行雨污分流改造，污水经管道收集后排入相应的污水处理厂统一处理；雨水经雨水管道就近排入河道或湖泊。

2）对于采用雨污合流且有用地设置一体化处理设施的企业及小区，将合流管道及污水管道接入截流管前设置污水处理设施，处理后直接排河。

3）对于采用雨污合流但无用地设置一体化处理设施的企业及小区，通过改造截流井，汇入截流管；排口处设截流井，并通过污水截流管道，自流排入附近的已建污水管道。

4.4.2.2　面源治理

初期雨水污染是城市面源污染的主要组成部分，在地表高污染负荷的高度城市化地区，即使采用分流制排水系统，初期雨水的直接排放也将对受纳水体造成严重损害。为了保护 SLH 的水环境不受污染，对沿线地区进行雨污分流改造，并建造初期雨水调蓄池削减初期雨水的污染。此外，在合适地段兴建人工湿地，将附近的初期雨水就近纳入并处理后排放。

4.4.2.3　内源治理

河道清淤工程在弄清 SLH 现状的基础上，把握清淤原则，研究国内外最新的水利清淤技术，调查需重点清淤的河段，在疏浚方案比选、底泥运输、底泥干化处置方面进行分析研究。其中，疏浚方案比选是对干水清淤施工法、带水清淤施工法进行比较，底泥干化处置前要对临时自然风干处理方案、环保卫生填埋场方案进行比较。

4.4.3　生态修复、活水保质

主要是进行河道生态建设，活水保质，涵养水生生物，构建良好生物链，增强河道水体自净能力。河道生态修复以水清、流畅、岸固、滩绿、景美为目标，以生态处理、循环持续发展为原则，在美化环境的同时，利用水体营养物-水生植物-水生动物形成的生物链，去除水体中氮磷等有机污染物，实现修复水体、改善环境的目标。

4.4.4　建立长效管理机制

构建智慧系统，建立监控调度中心、培养专业队伍进行管理与养护；加强舆论宣传，提高居民环保素质。

1）实时监测典型断面的河道水质，监督沿岸污水处理厂出水严格执行相应的水质标准，坚决杜绝沿岸污水乱排偷排现象。

2）定期对 SLH 底泥进行疏浚，降低水体内污染源释放影响。

3）及时整理汇总、分析运行记录，建立运行技术档案：建立设备的维护保养工作和维护记录的存档：建信息系统，定期总结运行经验。

4.4.5 景观设计

结合周边用地功能，融入创造多样性的功能活动，根据周边用地功能推出片区类型，进而确定景观风貌。可在立足于滨水大环境的基础上，因地制宜，最大化发挥基地原有属性，在此基础上通过置入复合化的功能，穿插多样化的动线，叠加丰富的绿色组团来提升基地价值，为未来发展提供多种可能和契机，同时满足可持续化生态发展战略。

4.5 基于污染溯源的治理成效分析

4.5.1 治理后水质状况

2018 年该城市实施长江大保护系列项目，该小微水体作为试点工程之一，于 2020 年 8 月完成综合治理。根据收集资料（图 4-3），2018 年 6 月连续一周 13 个断面水质监测结果显示，水体 COD、TP 均已达标，但仍有断面特别是入湖河口附近及 LXH 的断面 NH_3-N 未满足要求，主要表现为；2020 年 10 月、2021 年 10 月各连续一周 13 个断面水质监测结果显示水质进一步提高，LXH 的断面水质达标，但入湖河口附近断面 NH_3-N 仍不达标。

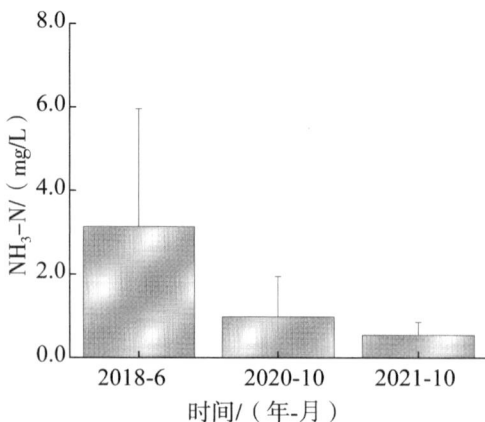

图 4-3 SLH 治理后水质状况

2023 年 4 月对该小微水体 13 个断面进一步开展采样与监测。水质空间差异见

图 4-4，治理后各点位 COD 浓度远低于地表水 Ⅳ 类标准，为 $2.4\sim12.6$ mg/L，浓度降低 86.3mg/L，COD 削减效果较好；TP 浓度低于地表水 Ⅳ 类标准，为 $0.04\sim0.265$ mg/L，浓度降低 1.12mg/L。空间分布上，12 号 TN、NH_3-N、TP 含量显著高于其他点位，2~4 号、12 号的 COD 含量较高，1 号的 COD、NH_3-N、TP 含量低于检出限，TN 与其他点位差异不大。12 号位于污水泵站排口下游且距离较近，而 1 号位于自山区发源至下游平原地区的首段，水质优良，污染物含量极低。

根据长江大保护水环境治理 PPP 合同要求，该河经工程整治后主要水质指标满足地表水 Ⅳ 类标准，其中 NH_3-N 在穿城高速以南的河段执行 Ⅳ 类标准，以北的河段执行 Ⅴ 类标准。由结果可知，河道水质 COD 和 TP 满足合同要求，但 12 号的 NH_3-N 超标 0.58 倍，不满足要求。总体来看，完成治理两年多后水体黑臭基本消除，河流清澈见底，各段水环境及水生态均有了极大改善（附图 4-1）。

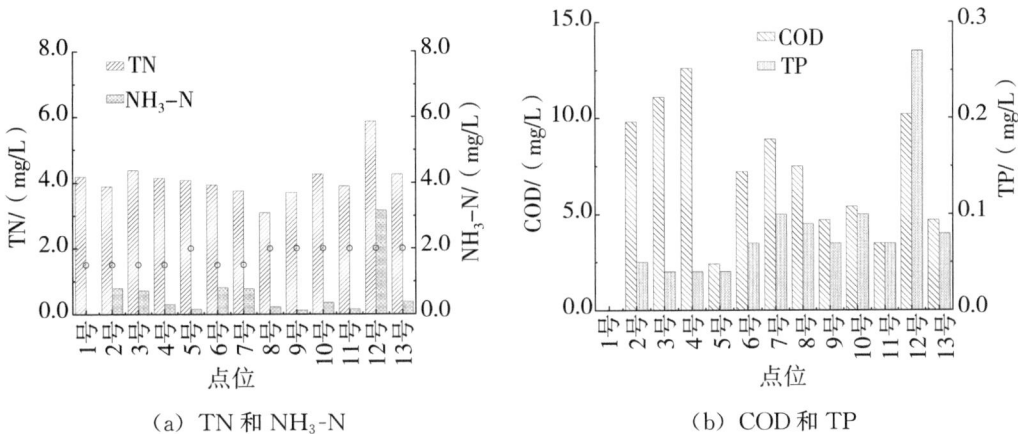

（a）TN 和 NH_3-N　　　　（b）COD 和 TP

图 4-4　SLH 水质空间差异

4.5.2　水体污染溯源探查

水体常量离子之间的相关性矩阵见图 4-5。由图可知，常量离子之间线性相关性较强，Cl^- 与其他离子高度线性相关，相关系数最高为 0.991。Cl^- 一般保守性较好，既不被胶体吸附或生物积累，也不形成难溶矿物，且在水中的行为与水分子十分相似，可作为示踪离子。

水体水化学 piper 分布见附图 4-2，图中水体水化学类型以 HCO_3^--Ca^{2+}-Mg^{2+} 型为主，总溶解性固体（Total Dissolved Solids，TDS）含量较低，呈现典型的降雨来源水化学特征。不同点位之间，1 号点位的 Mg^{2+} 含量高于其他点位，Ca^{2+} 含量稍低于其他点位，11 号、13 号的 Cl^- 含量高于其他点位，HCO_3^- 含量低于其他点位，表明这几个点位水体来源与其他点位有明显差别，即受小流域内水环境整治工程作用明显。

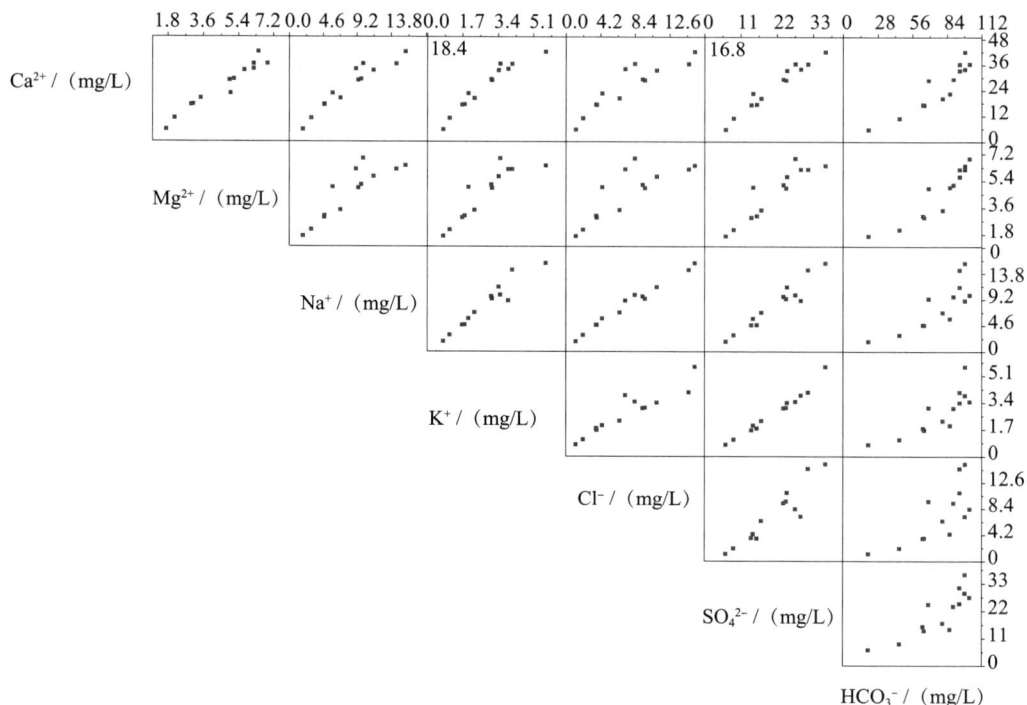

图 4-5　SLH 水体常量离子相关性矩阵

雨滴在降落过程中受到不平衡的二次蒸发作用引起同位素分馏，降水中同位素值相应地会因蒸发而偏离全球大气降水线或全国大气降水线，从而表现为斜率及截距变小的当地大气降水线。空气相对湿度越低的地区，不平衡蒸发作用越强烈，则大气降水线的斜率和截距越小。本研究中大气降水线的斜率和截距均低于全球大气降水线/全国大气降水线，可能与其不平衡蒸发作用强烈有关，其氘剩余值普遍高于全球平均值 10‰。此外，不同点位周边环境差异会导致氢氧同位素丰度有差别。由图 4-6 中水体氢氧同位素关系可知，6 号、12 号、13 号与其他点位的同位素丰度有一定差别，其中 6 号位于支流源头，受周边土地开发利用活动影响，12 号与污水泵站排放污水有关，而 13 号位于入湖口，可能受湖水上溯影响。

该水体水质指标与同位素及常量离子的相关性分析结果见表 4-2。由表 4-2 可知，TN 和 NH_3-N 与 $\delta^2 D$、$\delta^{18} O$ 同位素丰度显著性相关，TP 除了与 $\delta^{18} O$ 显著性相关外，还与常量离子 Ca^{2+}、K^+、Na^+、Cl^-、SO_4^{2-} 显著正相关，与其化学循环特性有关。

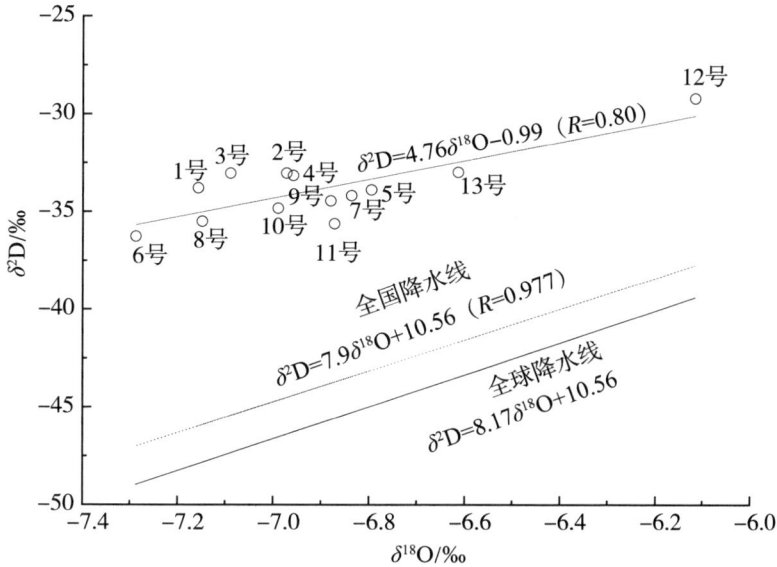

图 4-6　SLH 水体氢氧同位素关系

表 4-2　　　　　　　　　　SLH 水体水质与同位素及常量离子相关性分析

指标	δ^2D	$\delta^{18}O$	K^+	Na^+	Ca^{2+}	Mg^{2+}	HCO_3^-	Cl^-	SO_4^{2-}
TN	0.838**	0.740**	0.373	0.308	0.155	−0.016	−0.029	0.356	0.249
TP	0.590*	0.783**	0.857**	0.759**	0.753**	0.656*	0.596*	0.730**	0.770**
NH₃	0.758**	0.713**	0.566*	0.425	0.399	0.292	0.271	0.406	0.445
COD	0.374	0.136	0.102	−0.028	0.103	0.051	0.192	−0.091	0.090
NO_3^-	0.095	−0.300	−0.399	−0.496	−0.397	−0.400	−0.241	−0.534	−0.371

注：**$p < 0.01$，*$p < 0.05$。

基于相关性分析，以 8 号代表 LXH，5 号代表干流上段，根据式（4-1）～式（4-3），通过 $\delta^{18}O$ 示踪，计算 LXH 和干流上段对干流下Ⅰ段（入汇点 9 号）的水量贡献率；以 9 号代表干流下Ⅰ段，10 号代表 XYH，计算两者对干流下Ⅱ段（11 号）的水量贡献率；如此逐段分析，计算 XYH（10 号）和干流下Ⅱ段（11 号）对下Ⅲ段（12 号）的水量贡献率，结果见表 4-3。由表 4-3 可知，干流上段对Ⅰ段入汇点的水量贡献为 76.1%，远高于 LXH 的 23.9%；但 9 号、10 号对 11 号，以及 10 号、11 号对 12 号的水量贡献率结果无法表达。从该结果可知，干流下Ⅱ段 11 号的水量并不全是来自 10 号和 9 号，而干流下Ⅲ段 12 号的水量并不全是来自 11 号和 10 号。

表 4-3   SLH 水体分段水量贡献率计算结果

$\delta^{18}O$	$\delta^{18}O_1$	$\delta^{18}O_2$	F_1	F_2
干流下Ⅰ段（9号） 6.880	LXH（8号） 7.149	干流上段（5号） 6.795	0.239	0.761
干流下Ⅱ段（11号） 6.872	干流下1段（9号） 6.880	XYH（10号） 6.990	1.072	−0.072
干流下Ⅲ段（12号） 6.115	XYH（10号） 6.990	干流下Ⅱ段（11号） 6.872	−6.420	7.420

4.5.3 治理成效分析

根据上节分析，以保守离子 Cl^- 进行溯源示踪，其浓度空间差异见图 4-7。由图可知，点位 11 号和 12 号的 Cl^- 浓度显著高于其他点位。现场踏勘可知，10 号与 11 号之间有一个初雨调蓄池箱涵排口，11 号与 12 号之间有污水泵站排口。根据长江大保护水环境治理工程资料记载，该初雨调蓄池箱涵排口已封堵，污水泵站排口不排污。然而，据 δ^2D、$\delta^{18}O$、Cl^- 示踪结果可知，这两个排口应仍有水量排入，故而影响下段河水水质，尤其是污水泵站排口，其污水主要来自城市生活污水管网，即使排河水量很小、但其较高的 NH_3-N 浓度严重影响 12 号水质。因此，该水体整治薄弱段集中于下游Ⅱ、Ⅲ段，与初雨调蓄池箱涵封堵不彻底或出现溢流、污水泵站管理粗放等密切相关。

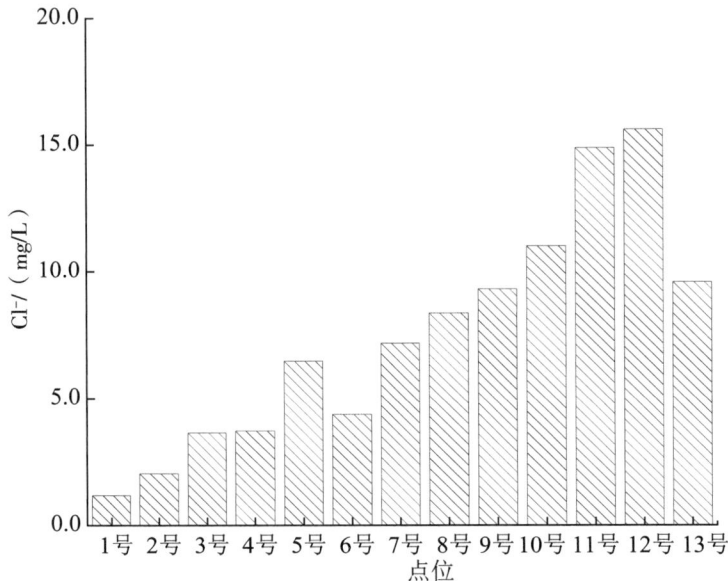

图 4-7   SLH 水体 Cl^- 空间差异

建议长江大保护治理工程复查初雨调蓄池箱涵封堵、强化污水泵站管理，由此避免初雨或污水入河，影响河流水质，削减小微河湖输入长江干流的污染负荷。未来结合城市水管家系统建设，将水环境治理工程涉及的水体纳入云平台，通过终端实时监测、边缘节点分流、云端统筹计算，实现污水自源-网-厂-泵蓄闸至河湖的一体化模拟与预测，为治理工程综合效益提升奠定基础，为长江大保护提供支撑。

4.6 小结

以长江流域城镇小微河流 SLH 为案例，针对长江大保护水环境治理工程，通过污染特征调查以及污染溯源分析，探寻整治工程薄弱节点。结论如下。

1）该小微水体治理前水质在大部分时段未能达标，主要超标因子为 NH_3-N；

2）SLH 采取河道底泥清淤＋生态修复治理技术。治理后初期水质逐渐改善，但部分断面仍存在 NH_3-N 不达标问题；治理两年多以后河道水质 COD 和 TP 满足合同要求，但高速北断面 12 号的 NH_3-N 超标 0.58 倍；整体上水体由严重黑臭转变为清澈见底，周边生境也得到极大提升。

3）污染溯源探查结果表明，该小微水体受小流域内水环境整治工程作用明显，水量来源除上游干流来水、支流汇入外，还有沿岸污水泵站、箱涵排口等。

4）据 δ^2D、δ^{18}O、Cl^- 示踪结果，断面 12 号的 NH_3-N 不达标与区段初雨调蓄池箱涵封堵不彻底或出现溢流、污水泵站管理粗放等密切相关。

5）建议长江大保护治理工程复查初雨调蓄池箱涵封堵、强化污水泵站管理，由此避免初雨或污水入河，影响河流水质，实现输入长江干流的小微河湖污染负荷削减。

第5章　城市河流绿色治理技术实证研究

5.1　研究区域

城市小微河流 BXH 位于长江流域某市中心城区，北至飞翔路，南至黄山路，西至长江，东至神山，总面积为 16.75km²。BXH 为流域内的主要排涝水系，水系总面积 32.2hm²，总长度 18.78km，分为主渠段 A、B、C、D、E 段，上游有钱桥支渠、官塘支渠、大富支渠、管桥支渠及胜利渠等汇入，下游自泵站排至长江（图 5-1）。

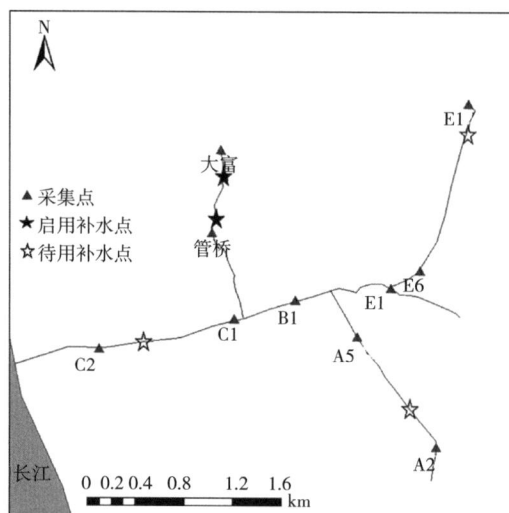

图 5-1　BXH 案例采样点位示意图

2017 年 BXH 开始实施环境综合整治，先后开展了内源污染治理、生态补水、排涝瓶颈改造、管网运行优化以及水环境智慧管理构建等措施。以该小微水体为例，通过污染溯源方法，查找影响不同区段水质差异的原因，分析不达标指标的污染物来源，探寻整治工程薄弱节点，据此提出工程改进优化建议。

5.2　数据来源与分析方法

BXH 治理前的水质数据通过收集获得，治理后的水质数据以及污染溯源数据通过现场采样分析获得。

2023 年 3 月对 BXH 水体进行采样分析，共设 10 个断面，分别记为 A2、A5、B1、C1、C2、D1、E1、E6、大富和管桥，采样方法及分析指标同 4.2 节。

5.3　治理前水质状况

5.3.1　治理前水质状况

收集 2016 年 3 月 BXH 水质监测资料，分析见图 5-2。由图可知，2016 年 3 月 COD 较高的是大富、管桥和 C1，分别为 155mg/L、86.9mg/L 和 90.3mg/L，E 段和 A 段较 D 段低。TP 较高的主要是大富、管桥和 C1，分别为 2.12mg/L、1.72mg/L 和 1.66mg/L，D 段最低。NH_3-N 较高的是大富、C1 和管桥，分别为 19.10mg/L、14.70mg/L 和 12.10mg/L，D 段最低。可见大富和管桥两条支流的水质较差，两支沟汇入干流后的 C1 受影响水质也较差。

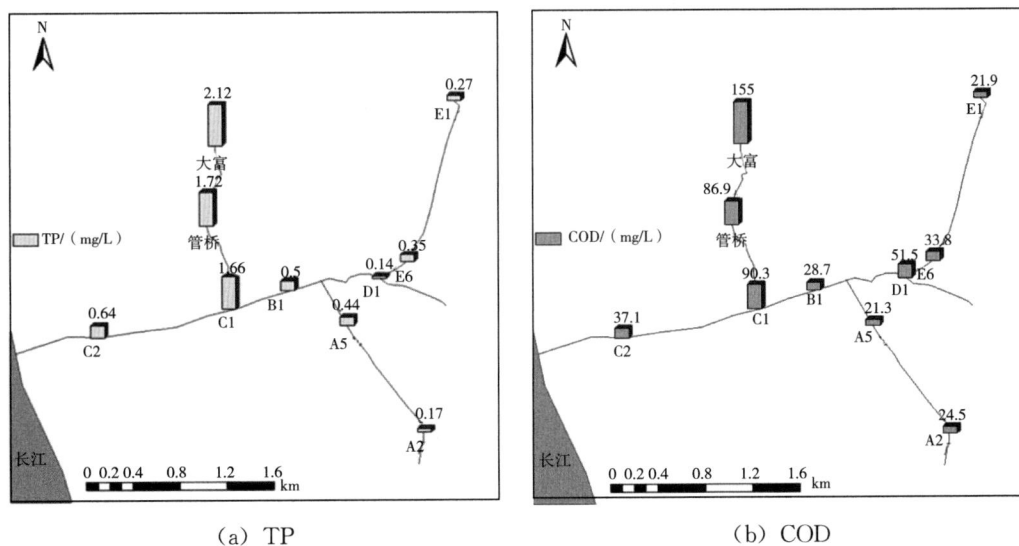

（a）TP　　　　　　　　　　　　　（b）COD

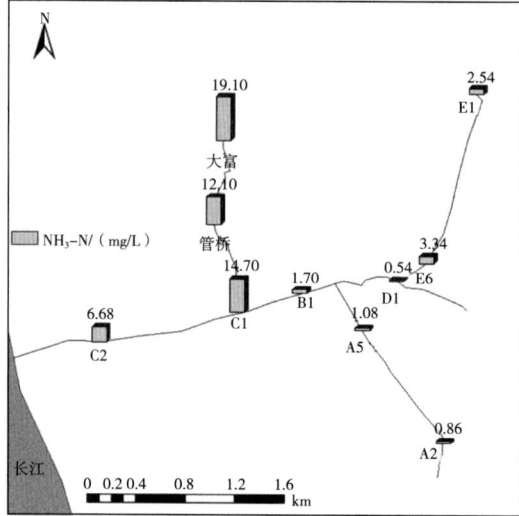

（c）NH$_3$-N

图 5-2　BXH 治理前水质状况

该小微水体整治之前被列入城市黑臭水体名录。2016 年监测结果见表 5-1，19 个采样点中有 6 个采样点存在轻度黑臭现象，占 31.6%，1 个采样点重度黑臭，占比 5.3%，综合评判为轻度黑臭。

表 5-1　　　　　　　　　　　　　BXH 小微水体黑臭情况

样点	NH$_3$-N/（mg/L）	DO/（mg/L）	ORP/（mg/L）	评价等级
1	1.56	6.8	47	轻度
2	0.862	6.54	57	—
3	1.08	2.08	207	—
4	1.7	3.19	203	—
5	3.34	5.2	213	—
6	6.68	1.92	203	轻度
7	14.7	1.44	132	轻度
8	8.35	2.64	172	轻度
9	19.1	3.6	32	重度
10	12.1	12.73	108	轻度
11	0.451	9.76	130	—
12	0.539	8.51	180	—
13	10.6	1.94	46	轻度
14	2.54	4.18	135	—
15	6.81	4.7	116	—

样点	NH$_3$-N/（mg/L）	DO/（mg/L）	ORP/（mg/L）	评价等级
16	7.86	4.38	121	—
17	4.1	3.71	67	—
18	1.58	6.63	66	—
19	7.81	5.2	60	—

BXH 流域污染还有来自河道底泥内源污染，内源污染是长期以来外源污染沉积的结果，沉积在水体底部污泥中的污染物会在一定条件下向水体中释放，对水体造成二次污染。底泥的污染释放跟上覆水的深度、流速及水体的温度和溶解氧有关，BXH 的底泥释放在雨洪过后尤为明显。

根据调查结果，河道底泥厚度为 0.4～1.1m，TN、TP 含量高，TN 最高达到 7947mg/kg，平均 1639mg/kg，TP 最高 1743mg/kg，平均 684mg/kg。具体结果详见表 5-2。

5.3.2　水体动力特性

BXH 水体流量小，自净能力差，生态环境脆弱，渠底淤积，出现季节性的水质恶化现象。为了解 BXH 不同河段流速情况，2022 年 3 月对 BXH 布设 10 个点进行流速测定，结果见图 5-3。由图可知，BXH 整段流速在 0.03～0.12m/s，流速很低，不利于污染物扩散与水体自净。

5.3.3　不同来源污染物贡献分析

BXH 旱季、雨季流域污染源调查结果见表 5-3。由表可知，雨季污染源是水系污染的主要组分；从全年来看，COD 的污染来源主要是溢流污水、支渠污染、直排入河污水及初期雨水，NH$_3$-N 和 TP 的污染来源主要为底泥释放。

5.3.4　水体污染变化机制分析

根据市水文局环境监测站 2015 年 1 月以来监测水质（长江路监测断面）以及水情网降雨数据，对常规水质指标和累积降雨量采用 Pearson 系数检验参数相关性，结果见表 5-4。由表可知，降雨量与各水质指标之间的相关性不高，说明降雨对 BXH 水质的直接影响并不大，其影响主要通过地表径流和截污管溢流污染等方式间接产生。

表5-2 BXH水系底泥污染调查结果

现场采样点	样品状态	pH值	监测结果							
			TN/(mg/kg)	TP/(mg/kg)	镉/(mg/kg)	酸性挥发性硫化物/(mg/kg)	TOC/(mg/kg)	平均粒径/mm	底泥厚度/mm	含水率/%
1	褐色	7.89	1230	1743	1.00	31.5	2.62	0.036	50	87.9
2	褐色	7.86	1620	226	1.10	28.6	2.12	0.041	70	86.7
3	褐色	7.93	245	527	0.90	20.5	1.29	0.055	95	76.8
4	褐色	7.97	133	174	1.05	15.9	0.972	0.037	110	88.0
5	褐色	7.80	89.4	505	0.95	21.7	1.34	0.026	80	85.9
6	褐色	7.82	4947	440	1.10	39.6	2.28	0.031	130	90.4
7	黑色	7.41	5772	1598	1.60	36.5	3.99	0.038	25	82.6
8	褐色	7.81	7947	526	1.20	21.2	1.22	0.044	70	72.1
9	黑色	7.26	905	499	1.15	15.6	2.49	0.057	70	91.1
10	褐色	7.83	180	747	1.10	13.8	0.875	0.089	20	84.7
11	褐色	7.49	1118	271	1.30	23.7	1.26	0.049	40	87.8
12	黑色	7.52	110	800	1.15	41.9	2.01	0.038	75	65.9
13	褐色	7.66	79.7	496	1.05	32.6	1.08	0.055	75	74.9
14	褐色	7.74	68.7	790	1.15	21.6	1.22	0.047	40	68.7
15	褐色	7.79	1355	728	1.35	17.5	1.36	0.039	90	88.1
16	褐色	7.80	106	1219	1.25	19.7	0.971	0.044	30	81.5
17	褐色	7.72	1954	332	1.25	27.2	1.32	0.038	110	84.8

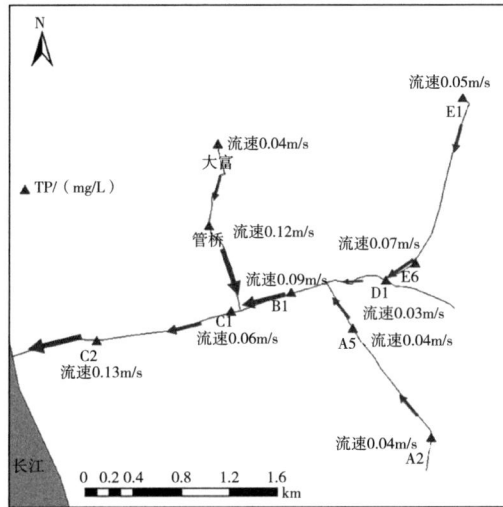

图 5-3　BXH 不同河段流速分布

| 表 5-3 | BXH 水系污染源年度汇总 | | （污染量：t/a；比例:%） |

类型	基本参数		
	COD	NH₃-N	TP
旱季	233.6	88.3	7.6
雨季	1368.4	287.4	33.5
1. 直排入河污水	300.6	30.1	3.0
占总量的百分比	18.76	8.01	7.30
2. 底泥污染	107.8	231	18.9
占总量的百分比	6.73	61.49	45.99
3. 支渠污染	326.4	47.0	5.3
占总量的百分比	20.38	12.51	12.90
4. 北京路泵站污水	150.8	15.1	1.5
占总量的百分比	9.41	4.02	3.65
5. 初期雨水	284.3	23.7	7.1
占总量的百分比	17.75	6.31	17.27
6. 溢流污水	432.0	28.8	5.3
占总量的百分比	26.97	7.67	12.90
总量	1601.9	375.7	41.1

注：由于四舍五入，部分比例求和可能不为 100%，下同。

来自点源和面源的大量污染物入河后，在缓慢的水流状态下，难以输移与自净，部分物质沉降至底泥，在一定条件下向上覆水释放，成为新的污染源。

表 5-4　　　　　　　　　　　　水质及降雨量之间的相关性

指标	TP	TN	NH_3-N	COD_{Mn}	BOD_5	COD	DO	累计降雨量
TP	1							
TN	0.75	1.00						
NH_3-N	0.74	0.84	1.00					
COD_{Mn}	0.67	0.63	0.52	1.00				
BOD_5	0.60	0.50	0.48	0.49	1.00			
COD	0.67	0.47	0.45	0.65	0.71	1.00		
DO	−0.40	−0.25	−0.25	−0.01	−0.26	−0.41	1.00	
累计降雨量	0.13	0.10	−0.29	0.11	−0.09	0.02	−0.33	1.00

5.4　绿色治理技术及措施

2017 年开始着力推进 BXH 环境综合整治，采取的治理技术为耦合控源截污-原位净化-生态补水的河渠水环境功能保护技术，其措施主要包括内源污染治理、生态补水、排涝瓶颈改造、管网运行优化等。

5.4.1　内源污染治理

BXH 河道淤积厚度为 0.4～1.1m，高于设计河道标高对河道行洪排涝有一定影响，结合河道现状宽度及各河段具体情况，开展底泥清淤疏浚，每年枯水季节进行河道淤积检查，逐年清淤。其中 B、C、D、E 段河道采用清淤船进行水下清淤，A 段河道进行干河清淤，胜利渠、大富支渠等结合渠道整治工程实施清淤。淤泥疏浚上岸后就地脱水干化运至垃圾焚烧厂焚烧处理。

5.4.2　生态补水

现状水体主要依靠自然降水补充水源，枯水季节水量不足，BXH 流域地势平坦，属缓滞性水体，水体流动性差，应对现状水体提供一定水量和质量的生态用水，增加河道水流量，营造水流形态，丰富河流生态。通过生态补水，活水畅流，保障水质。补水措施如下：实施袁泽桥补水预处理工程，改善补水水质；实施弋江路、赭山路、天门山路、银湖路及赤铸山路、胜利渠补水管道工程，将袁泽桥补水管道同中水回用管道联网，充分发挥已建补水设施工程效益；新建扁担河至 DYH 补水泵站，由扁担河向 DYH 补水；规划在汀塘与 BXH 联通出口处建造 1 座卧倒门，雨季蓄积一定水量，旱季下泄一定水量，供 BXH 流域生态补水使用。

5.4.3　排涝瓶颈改造

目前，BXH 鸠兹家苑支渠，BXH B、D、E 段，钱桥支渠基本满足 20 年一遇排涝标准，水位达到 5.8～6.2m。BXH A 段、C 段，胜利渠，管桥，大富支沟存在阻水瓶颈，不满足 20 年一遇排涝标准，局部渠段水位超过 6.9m。

近期排涝工程改造包括 3 个方面：改造完善部分现状断面不足的桥涵；新增调蓄水面 9.7hm²；已整治主渠段结合棚户区改造等进行拓宽改造及生态岸线恢复，其余已整治主渠段断面维持不变，远期全面整治。

5.4.4　管网运行优化

针对现状污水收集系统管井渗漏严重、高水位运行的状况，通过如下措施优化管网运行，提高污水收集率、污水处理厂进水浓度，降低污水管网运行水位：

1）通过声纳、CCTV 等现代化技术手段对流域内排水管网进行结构及功能性检测排查，查管井漏损、降低污水管网运行水位，实现现状已建污水收集系统健康、良性运转，削减污水直排量及溢流污染量。

2）排水管道至少每 3 个月至半年清淤一次，加强清淤、冲洗，降低管道沉积物对水体的污染。

5.4.5　完善污水收集和支渠达标整治

污水收集系统完善主要包括：

1）改造完善沿河截污系统：对已整治渠段，近期进行旱季排污口截流，接入现状截污系统；对现状已建主要合流排口截流井，增加入河垃圾、管道沉积物控制措施，入河排口前设置平板格栅、管井分离装置。

2）雨污分流与海绵城市改造：现状合流制地块，同步推进地块雨污分流、阳台洗衣废水纳管改造与海绵城市建设；现状已分流地块，结合阳台立管改造、雨污混接排查改造、排水管道功能修复，实施海绵城市建设；因地制宜，近期无法进行雨污分流与海绵城市改造的，在地块排水出口设置截流井截流污水；对于新建工程，加强施工过程和竣工验收环节的质量监管，严禁新建项目的雨污混接。

3）政策管理与宣传引导减排：加强阳台洗衣废水管理，明确规定阳台设置 1 根排

水立管，要求接入小区污水管道，从源头上杜绝洗衣废水经雨水管网入河；采取城市管理执法专项行动，杜绝商户废水、垃圾散排，加强现有垃圾堆清运和管理，通过宣传提高市民的环保意识。

目前，BXH流域的胜利渠、大富支沟和钱桥支渠存在雨污合流，支渠部分路段存在截污管未接入市政污水管，有的渠道内淤积严重，下雨天大部分污水溢流至BXH，为此需对胜利渠、大富支沟和钱桥支渠进行达标整治，主要从雨水排涝整治和水质改善整治两方面开展。

5.4.6　水环境智慧管理构建

建设现代化大数据、立体监控与智能应用的平台体系，完善相关制度与技术标准，实行现代化监控与管理。完善的管理设施是工程安全可靠运行的基础，是提供运行工况信息的主要手段，包括水位自动监测设施、水质监测设施、电子监控报警系统等。

5.4.6.1　水位自动监控设施

利用桂花桥、西江涵现状BXH日常维护管理信息平台作为远程集中监控中心，在现状水位控制和排涝调度基础上，建设水质监控平台，并与现状排涝调度统一联网。

5.4.6.2　水质监测设施

建设水质自动监测系统，对河道关键断面水质进行全天候24h在线自动监测，河道的水量和水质信息快速、实时地传输到管理中心，有效地掌握、识别、控制河道水环境的水质和水量问题，并据此调度生态补水设施。

为监测河道水质改善情况，在水文局、环保局设置水质监测站点的基础上，适当加密水质观测点。通过水环境监测体系，定位、定时监测，获取长期系统数据，把握水系生态环境的动态趋势和规律，通过增加观测频次和指标数量来增加获取信息的可能性，建立水环境预警系统。根据水环境的功能要求，建立水环境预警的指标体系和预警等级划分，预测水系水质变化趋势，预报水环境事故的发生，及时制定对策，降低风险。

5.4.6.3　电子监控报警系统

在河道旁铺设光缆，通过计算机实现与各个闸站联网。相隔一定距离的河道上安装探头用于水环境、河岸、闸站管理。对水闸、河道的重要部位实施图像实时监控，实现数据传输的网络化和数据处理的规范化。

5.5　基于污染溯源的治理成效分析

5.5.1　治理后水质状况

在工程治理完工后 2022 年 3 月对 BXH 进行水质采样监测，测定 COD、NH$_3$-N 以及 TP 指标，结果见图 5-4。与治理前 2016 年 3 月监测结果对比可知，2022 年 3 月 A2 的 COD、NH$_3$-N 和 TP、A5 的 NH$_3$-N 和 TP、D1 的 NH$_3$-N 和 TP 以及 B1 的 NH$_3$-N 稍高，其他采样点的 COD、NH$_3$-N 和 TP 均比 2016 年 3 月低，由此可以看出 BXH 水体经过治理后水质有所改善，尤其大富和管桥两处支沟，工程前大富支渠 COD、NH$_3$-N 和 TP 分别为 155mg/L、19.10mg/L 和 2.12mg/L，管桥 COD、NH$_3$-N 和 TP 分别为 86.9mg/L、12.10mg/L 和 1.72mg/L，工程后大富支渠 COD、NH$_3$-N 和 TP 降至 11mg/L、0.28mg/L 和 0.11mg/L，管桥 COD、NH$_3$-N 和 TP 降至 39mg/L、2.36mg/L 和 0.29mg/L，经过工程治理以及补水后，现状水质有明显改善，污染负荷削减 55.1%～98.5%。

2023 年 3 月水质监测结果见图 5-5。从该图可知，管桥支沟的 TN、NH$_3$-N 及 TP 含量高于其他点位，E1 点的 COD 含量超标且显著高于其他点位，A2 和 A5 点的 TP、TN 及 NH$_3$-N 含量较高。对照地表水 V 类标准看，治理后大部分断面仍有超标。

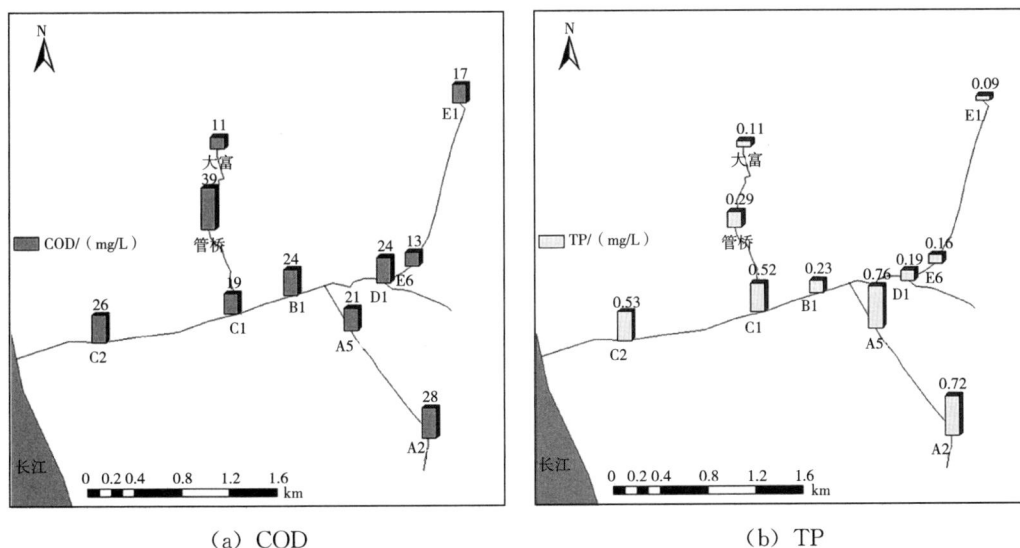

(a) COD　　　　　　　　　　　　(b) TP

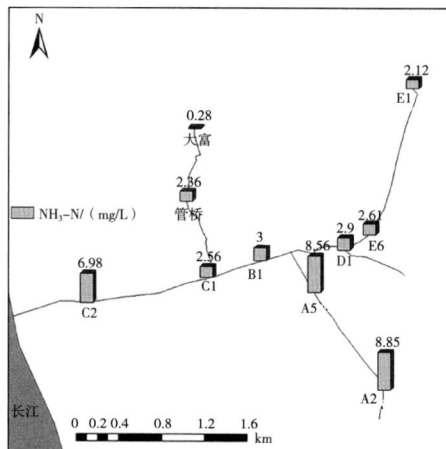

（c）NH$_3$-N

图 5-4　2022 年 3 月 BXH 水质

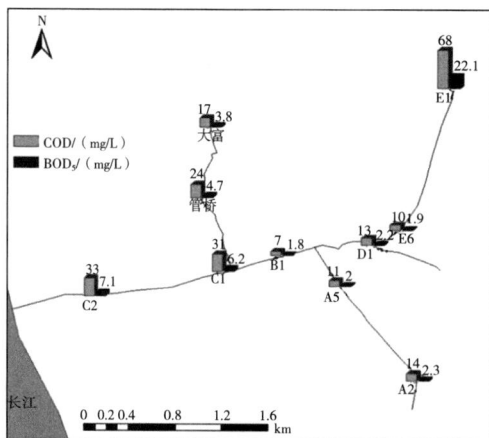

（a）COD、BOD$_5$

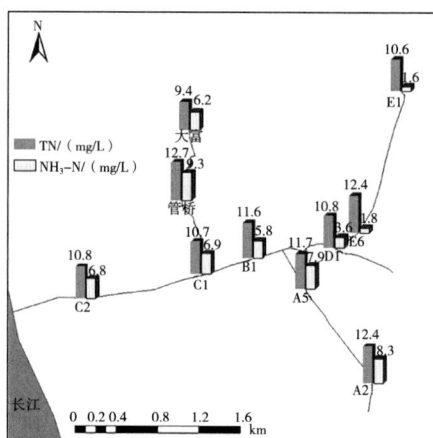

（b）TN、NH$_3$-N

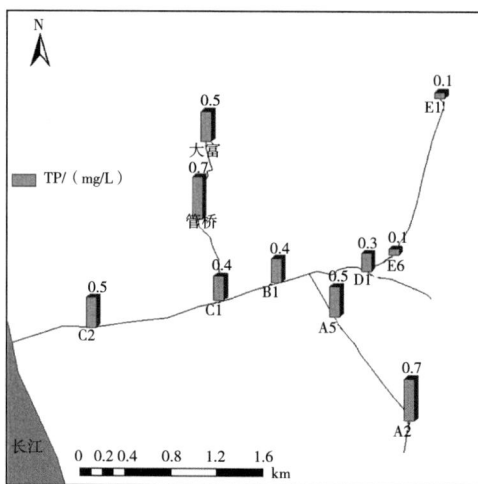

（c）TP

图 5-5　2023 年 3 月 BXH 水质空间差异

5.5.2　水体污染溯源探查

水体常量离子之间的相关性矩阵见附图 5-1。由图可知，常量离子之间线性相关性较强，Cl^- 与其他阳离子高度线性相关，相关系数最高为 0.98，以 Cl^- 作为示踪离子。

从阴阳离子的 piper 图来看（附图 5-2），BXH 流域水体中 Ca^{2+} 为主要阳离子，HCO_3^- 为主要阴离子，BXH 流域河水的水化学类型主要为 Ca^{2+}-HCO_3^- 型，表明研究区内的河水水体补给水化学类型比较单一，没有改变水化学类型的要素存在，因此当出现污染时，污染总量不会很高，不会导致区域连续的水化学类型的改变。

该水体水质指标与同位素及常量离子的相关性分析结果见表 5-5，由表可知，TP 和 NH_3-N 与 δ^2D、$\delta^{18}O$ 同位素丰度显著负相关，此外，TP 和 NH_3-N 还与常量离子 Na^+ 和 Cl^- 显著正相关。

因此，以 E 段和 D 段（E1、E6 和 D1 段的平均值）代表支流一，A 段代表支流二，通过 $\delta^{18}O$ 示踪，计算支流一和支流二对干流 B1 段的水量贡献率；以大富代表支流三，管桥代表支流四，计算两者对干流 C1 段的水量贡献率；如此逐段分析，计算干流 B1 段和干流 C1 段对干流 C2 段的水量贡献率，结果见表 5-6。支流一对干流 B1 段的水量贡献为 71.2%，高于支流二的 28.8%；支流四对干流 C1 段的水量贡献为 77.1%，高于支流三的 22.9%；干流 B1 段对干流 C2 段的水量贡献仅为 8.3%，远低于干流 C1 段的 91.7%。因此，BXH 综合整治的重点应集中于 E1、E6、D1 段，管桥支沟，其中尤应对管桥支沟进行强化治理。

5.5.3　治理成效分析

根据上节分析，以保守离子 Cl^- 进行溯源示踪，其浓度空间差异见图 5-6，由图可知，A2 段和管桥支沟的 Cl^- 浓度显著高于其他点位。现场踏勘可知，A2 段和管桥支沟目前有生态补水，其中管桥支沟补水量为 1.2 万 m^3/t，水源为污水处理厂达标排放废水经尾水湿地提质后补给，A2 段生态补水量为 1.5 万 m^3/t，水源为青弋江来水。相对来看，E 段和 D 段的 Cl^- 浓度较低，源于其上游 DYH 湿地来水，水质稍好。D 段污染物浓度均较低，E 段 NH_3-N、TP 浓度较低，管桥支沟的 COD 和 BOD 均较低，而氮磷较高，与其水源为污水处理厂达标排放再生水有关。因此，未来应加强对管桥支沟补水水源的脱氮除磷，对 E 段的 COD 和 TN 进行有效控制。此外，虽然 A 段对 BXH 水量贡献率不到 30%，但由于较高的氮磷来水补给，对 BXH 水质也产生一定的影响。结合踏勘资料，A 段有少量截污干管溢流口，雨天有少量污水溢流进入河道，应加强封堵与管控。

表 5-5　　　　　　　　　　　　　BXH 水体水质与同位素及常量离子相关性分析

指标	$\delta^2 D$	$\delta^{18}O$	K^+	Na^+	Ca^{2+}	Mg^{2+}	HCO_3^-	Cl^-	SO_4^{2-}
TN	−0.392	−0.435	0.031	0.306	0.012	0.377	0.181	0.318	−0.232
TP	−0.929**	−0.877**	0.653*	0.888**	0.343	0.498	0.058	0.896**	0.064
COD	0.429	0.280	−0.710*	−0.483	−0.682*	−0.494	−0.393	−0.361	−0.020
BOD₅	0.518	0.416	−0.732*	−0.549	−0.626	−0.466	−0.300	−0.446	−0.113
NH₃-N	−0.958**	−0.920**	0.704*	0.927**	0.396	0.555	0.118	0.929**	0.012

注：**$p<0.01$，*$p<0.05$。

表 5-6 　　　　　　　　　　　　　　BXH 水体分段水量贡献率计算结果

$\delta^{18}O$	$\delta^{18}O_1$	$\delta^{18}O_2$	F_1	F_2
干流 B1 段 5.5	支流一（E1、E6 和 D1 段的平均值）4.28	支流二（A2 和 A5 段的平均值）8.52	0.712	0.288
干流 C1 段 7.9	支流三（大富）5.2	支流四（管桥）8.7	0.229	0.771
干流 C2 段 7.7	干流 B1 段 5.5	干流 C1 段 7.9	0.083	0.917

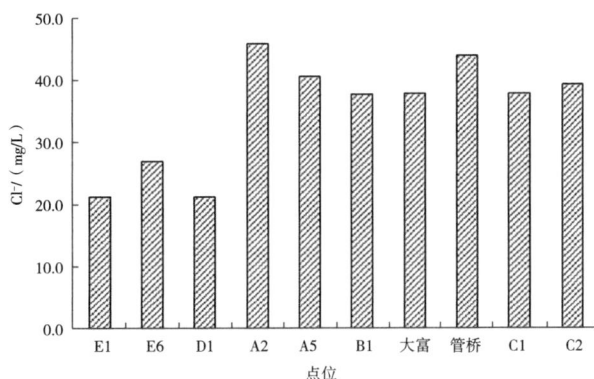

图 5-6　BXH 水体 Cl⁻ 空间差异

5.6　小结

长江流域城市小微河流 BXH 基于污染溯源的绿色治理成效研究结论如下。

1）治理前，BXH 水质较差，特别是大富和管桥两条支沟，亟待开展综合整治；分析可知雨季合流制管网溢流对 COD 污染负荷贡献很大，旱季则以生活污水对 COD 污染负荷影响很大；NH_3-N 和 TP 则主要来自底泥释放。

2）采取的绿色治理技术为耦合控源截污-原位净化-生态补水的河渠水环境功能保护技术。治理后水质明显改善，污染负荷削减 55.1%～98.5%，但 BXH 大部分断面仍有超标。

3）污染溯源结果显示，BXH 综合整治的重点应集中于 E1、E6、D1 段及管桥支沟，其中尤以管桥支沟应予以强化治理，应加强对管桥支沟补水水源的强化脱氮除磷，对 E 段的 COD 和 TN 进行有效控制。此外，对 A 段的截污干管溢流口加强封堵与管控。

第6章 农村河流绿色治理技术实证研究

6.1 研究区域

农村小微河流 GMH 位于长江流域中游某地级市农村地区，属于长江一级支流，发源于黄龙寺村，经 TZG 水库，在接纳 SJC、MJX 等 2 条主要支流后流入 LPH，在共联村汇入长江（图 6-1）。流域内地形表现为北高南低，集水面积 31.4km²，河道坡降 7.1°。GMH 上游属于丘陵地貌，地形起伏较大，河道蜿蜒崎岖，河床宽为 1～5m，局部河段宽为 10～20m，河槽宽 1～2m。SJC 为 GMH 一级支流，发源于 SJC 水库，于高家村七组汇入 GMH。SJC 上游属于丘陵地貌，地形起伏较大，河道上段较为顺直，下游蜿蜒崎岖，河床宽 1～5m，局部段河道较窄，河道淤积较为严重。MJX 为 GMH 一级支流，发源于长岭岗水库，于磨盘村汇入 GMH。MJX 流经丘陵地貌，地形起伏较大，河道整体游蜿蜒崎岖，河床宽 1～5m，河槽宽 0.5～2m，局部段河道较窄，河道淤积情况也较为严重。

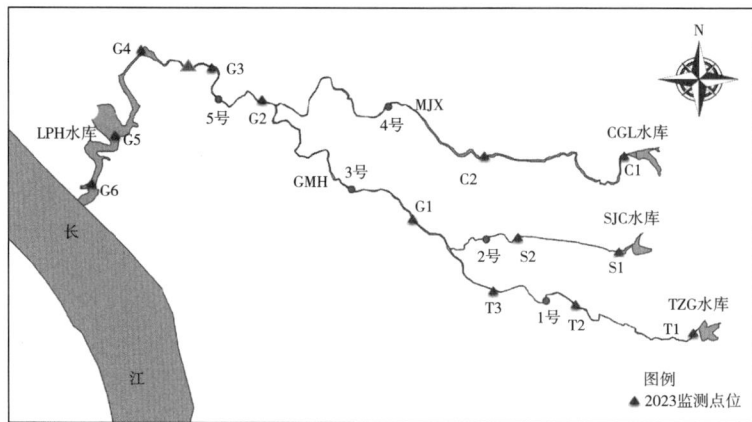

图 6-1　GMH 案例采样点位示意图

6.2　数据来源与分析方法

GMH 治理前的水质数据通过收集获得，治理后的水质数据以及污染溯源数据通过现场采样分析获得。

2023 年 3 月对 GMH 水体进行采样分析，共设 13 个断面，分别记为 C1、C2、S1、S2、T1、T2、T3、G1、G2、G3、G4、G5、G6，采样方法及分析指标同 4.2 节。

6.3　治理前水质状况

6.3.1　治理前水质

收集工程治理前 2020 年 6 月的水质监测资料，结果见图 6-2，由图可知，CGL 支流断面 4 号氨氮含量较高 0.48mg/L，SJC 支流 2 号、TZG 水库支流 1 号氨氮含量较低都为 0.1mg/L，GMH 干流 3 号、5 号氨氮含量分别为 0.13mg/L、0.22mg/L。MJX 支流 4 号总磷含量为 0.11mg/L，SJC 支流 2 号点位总磷含量为 0.06mg/L，TZG 水库支流 1 号点位总磷含量 0.16mg/L；GMH 干流 3 号、5 号点位总磷含量分别为 0.52mg/L、0.1mg/L。COD 的含量最高的点位为 4 号，其他点位 1 号、2 号、3 号、5 号含量普遍都低，分别为 8.5mg/L、13mg/L、10.5mg/L、7mg/L，由 TZG 水库来流 COD 含量相对 CLG 水库和 SJC 水库均较低。3 号断面通过 2 号和 1 号汇流，COD 含量较低，5 号断面通过 3 号和 4 号汇流，COD 含量为 7mg/L，仅有 3 号 TP 含量超标倍数为 1.6 倍（以地表水Ⅲ类标准计）。

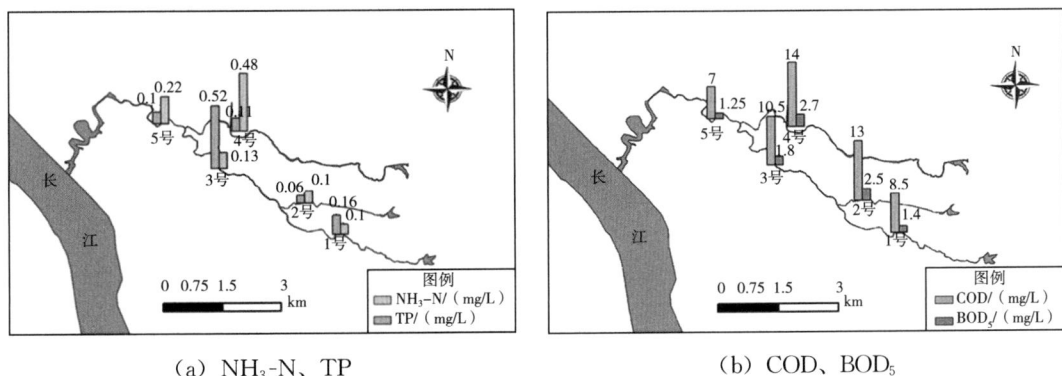

（a）NH₃-N、TP　　　　　（b）COD、BOD₅

图 6-2　2020 年 6 月 GMH 水质状况

由表 6-1 可知，以地表水（GB 3838—2002）Ⅲ类标准计，在 5 个断面中有 1 个断面 TP 超标，其超标率为 20%，TP 超标 1.6 倍。

表 6-1   GMH 水质超标分析

监测断面	COD / (mg/L)	超标倍数	BOD$_5$ / (mg/L)	超标倍数	TP / (mg/L)	超标倍数
1 号	8.5	—	1.4	—	0.16	—
2 号	13	—	2.5	—	0.06	—
3 号	10.5	—	1.8	—	0.52	1.6
4 号	14	—	2.7	—	0.11	—
5 号	7	—	1.25	—	0.1	—

    GMH 流域大部分为无堤防型河道（附图 6-1），河道历年来无有效的治理和疏浚，河道淤塞严重，岸线不平顺，洪水风险突出，且周边均为农村，农业面源未得到有效控制，生活污水处于散排状态。GMH 河道两侧分布有村庄，仍存在大量农村散排生活、农业种植及畜牧养殖等面源污染，氮磷污染负荷贡献大。村民生活污水主要由自家的简易化粪池收集，未能有效处理，污水下渗和雨天漫排现象严重，影响河道水质。2016 年 8 月 5 日的大暴雨导致 GMH 两岸洪水泛滥，河道两岸损毁严重，沿岸垃圾污水大量入河，严重影响了河道水环境。根据现场调查，城区仍存在畜禽散养户及小型规模户，生产方式相对粗放，环境保护意识薄弱，粪污处理及消纳设施配套不足，对河道水质造成了严重影响。现有耕地面积大，耕地未被利用的氮磷肥随降雨和灌溉尾水进入河道，沿岸分布的农田均成为潜在的氮磷污染源。

    收集 GMH 底泥调查数据，对照《土壤环境质量 农用地土壤污染风险管控标准（试行）》（GB 15618—2018），评估结果见表 6-2。由于底泥取自河道，根据标准中相应 pH 值下的"其他"类别中，底泥中铬、砷、汞、铅、镉、铜、锌、镍含量全部满足风险筛选标准。

表 6-2   GMH 底泥调查与评估

监测项目		监测点位				标准限值
		1 号	2 号	3 号	4 号	
pH 值	监测结果（无量纲）	6.89	6.94	6.86	6.92	—
有机质	含量/（g/kg）	2.0	5.7	0.9	1.6	—
全氮	含量/（mg/kg）	450	615	1240	2220	—
铬	含量/（mg/kg）	112	80	146	115	200
	单因子指数	0.56	0.4	0.73	0.58	—
	达标情况	达标	达标	达标	达标	—

监测项目		监测点位				标准限值
		1 号	2 号	3 号	4 号	
砷	含量/（mg/kg）	8.08	7.27	17.7	7.26	30
	单因子指数	0.27	0.24	0.59	0.24	—
	达标情况	达标	达标	达标	达标	—
汞	含量/（mg/kg）	0.087	0.037	0.054	0.024	2.4
	单因子指数	0.04	0.02	0.02	0.01	—
	达标情况	达标	达标	达标	达标	—
铅	含量/（mg/kg）	27.6	32.5	48.3	30.7	120
	单因子指数	0.23	0.27	0.40	0.26	—
	达标情况	达标	达标	达标	达标	—
镉	含量/（mg/kg）	0.18	0.13	0.22	0.28	0.3
	单因子指数	0.60	0.43	0.73	0.93	—
	达标情况	达标	达标	达标	达标	—
铜	含量/（mg/kg）	29	22	34	47	100
	单因子指数	0.29	0.22	0.34	0.47	—
	达标情况	达标	达标	达标	达标	—
锌	含量/（mg/kg）	73	52	79	115	250
	单因子指数	0.29	0.21	0.32	0.46	—
	达标情况	达标	达标	达标	达标	—
镍	含量/（mg/kg）	36	21	38	40	100
	单因子指数	0.36	0.21	0.38	0.40	—
	达标情况	达标	达标	达标	达标	—

6.3.2　水体动力特性

GMH 水体流量小，自净能力差，生态环境脆弱。为了解 GMH 不同河段流速情况，项目组于 2023 年 3 月对 GMH 布设 13 个点进行流速测定，测定结果见图 6-3。由图可知，GMH 整段流速在 0.2～0.8m/s，流速很小，不利于污染物扩散与水体自净。

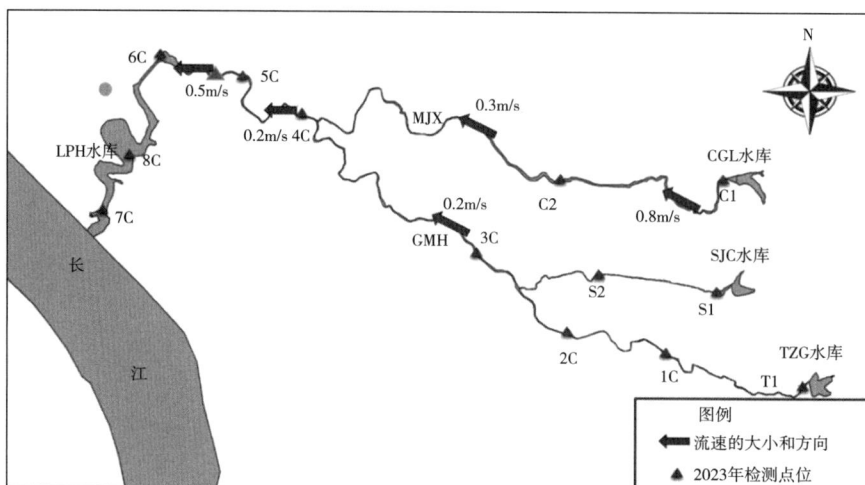

图 6-3　GMH 不同河段流速情况

6.3.3　不同来源污染物贡献分析

根据现状污染源调查，主要污染物入河负荷详见表 6-3 和附图 6-2，由表和图可知，GMH 水体 COD、NH_3-N、TP 主要污染源为城镇生活源（散排及雨天溢流生活污水）、城市面源、农业农村面源等。其中，城镇生活源主要包括城郊未截污纳管的散排生活污水及老城区雨天溢流生活污水，COD 和 NH_3-N 污染指标贡献率均达到 40％以上，TP 贡献率达 38％，主要原因是城区污水收集管网大部分为合流制，雨水、市政绿化用水等均经过管网排入污水处理厂进行处理。城市面源输入 COD 负荷的贡献率达 35％，而农业农村面源的 NH_3-N 和 TP 入河污染负荷占比分别为 25％和 29％。可见，水系水环境治理需重点从散排生活污水、雨季合流制溢流污水、市政尾水、建成区面源、农业农村面源等多方面综合治理。

表 6-3　　　　　　　　　　GMH 污染物来源　　　　　　　　　（单位：t/a）

指标	工业源	城镇生活源	规模养殖源	城市面源	农业农村面源	总计
COD	4.8	73.8	10.7	58.0	20.8	168.1
NH_3-N	0.7	8.2	0.9	2.2	4.0	16
TP	0	1.3	0.7	0.4	1.0	3.4

6.4　绿色治理技术及措施

2021 年以来该市实施与长江大保护相关的水污染治理和水生态修复等工程。水污染治理中，河道清淤疏浚长 12065m；修建生态滤沟总长 3790m，并在滤沟末端设置 13 处生态坡塘；修建联户式污水处理设施 74 处，日处理 50t/d 的污水处理站 1 座，处理村镇生活污水及零散养殖污水；设立仿古式垃圾屋收集村镇生活垃圾，避免垃圾入河。水生态修复中，在支流 SJC 新建生物降解塘，削减农田退水等农业面源污染物；开展岸坡绿化，包括干流河道岸坡 44293m²、支流 SJC 河道岸坡 7200m²，支流 MJX 河道岸坡 4797m²，计 5.6 万 m²。概括来看，水体治理主要采用耦合控源截污-疏浚通淤—生态护岸的沟渠水环境功能提升技术。

6.5　基于污染溯源的治理成效分析

6.5.1　治理后水质

2023 年 3 月水质监测结果见图 6-4。2023 年 3 月 GMH 流域各断面高锰酸盐指数为 2.8～4.7mg/L；各断面总磷浓度为 0.01～3.71mg/L，平均 0.52mg/L，SJC 出口断面总磷浓度最高，为 3.71mg/L；GMH 干流 G1 断面总磷浓度也较高，为 0.98mg/L，干流总磷浓度沿程呈下降趋势；支流 TZG 的总氮浓度最高，达 4.36mg/L，其他支流和干流总氮浓度总体小于 2mg/L，其中干流 G1 断面总氮浓度为 2.98mg/L。和总氮分布特征不同的是，支流 SJC 出口断面的氨氮浓度最高，而干流氨氮浓度呈现沿程增加的趋势。

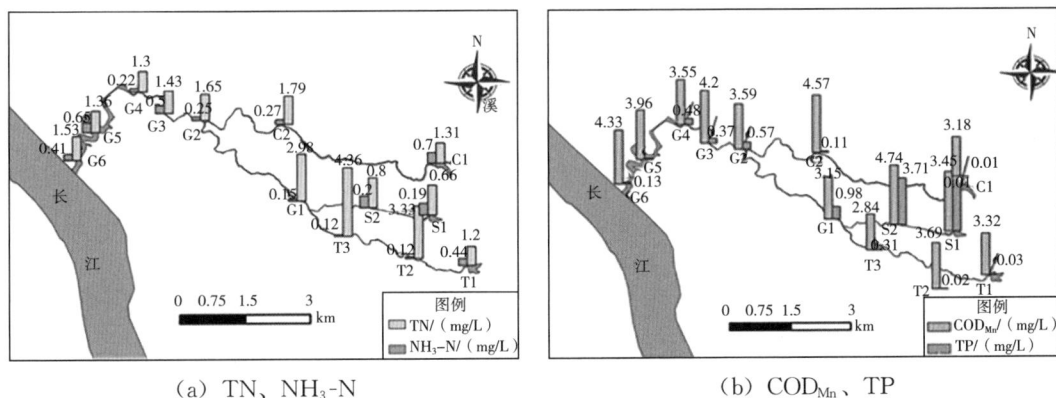

（a）TN、NH₃-N　　　　　　（b）CODₘₙ、TP

图 6-4　2023 年 3 月 GMH 治理后水质

根据地表水环境功能和保护目标，采用地表水Ⅲ类作为评价标准，评价结果见表 6-4。从该表可知，在 13 个监测断面中，湖库断面有 4 个 TN 超标，超标率为 30.8%，湖库断面有 2 个 TP 超标，河流断面有 6 个 TP 超标，超标率为 61.5%。其中 S2 水体 TP 超标倍数高达 17.6 倍，现场调查发现该处水体黄绿色。

表6-4   **2023 年 3 月 GMH 水质超标情况**

河流	地点	COD_{Mn}/(mg/L)	超标倍数	NH_3-N/(mg/L)	超标倍数	TN/(mg/L)	超标倍数	TP/(mg/L)	超标倍数	备注
MJX	C1	3.18	—	0.70	—	1.31	0.31	0.01	—	湖库断面
MJX	C2	4.57	—	0.27	—	1.79	—	0.11	—	河流断面
SJC	S1	3.45	—	0.19	—	0.66	—	0.01	—	湖库断面
SJC	S2	4.74	—	0.73	—	1.90	—	3.71	17.6	河流断面
TZG	T1	3.32	—	0.44	—	1.20	0.2	0.03	—	湖库断面
TZG	T2	3.69	—	0.12	—	3.33	—	0.02	—	河流断面
TZG	T3	2.84	—	0.12	—	4.36	—	0.31	0.6	河流断面
干流	G1	3.35	—	0.15	—	2.98	—	0.98	3.9	河流断面
干流	G2	3.59	—	0.25	—	1.65	—	0.57	1.9	河流断面
干流	G3	4.20	—	0.50	—	1.43	—	0.37	0.9	河流断面
干流	G4	3.55	—	0.22	—	1.30	—	0.48	1.4	河流断面
干流	G5	3.96	—	0.63	—	1.36	0.36	0.1	1.0	湖库断面
干流	G6	4.33	—	0.41	—	1.53	0.53	0.13	1.6	湖库断面

6.5.2　水体污染溯源探查

由附图 6-3 可知，GMH 水中的阴阳离子主要集中在左下侧区域，Ca^{2+} 占 40%～90%，Mg^{2+} 占 10%～60%；阴离子偏 HCO_3^- 端，占 65%～90%。这表明 GMH 流域主控的阳离子为 Ca^{2+}，主控的阴离子为 HCO_3^-，表明该区域水化学类型主要为 Ca^{2+}-HCO_3^- 型，而 Ca^{2+} 和 HCO_3^- 主要来源于硅酸盐岩的溶解，因此可以反映出该流域水化学特征主要受岩石风化溶解控制。

GMH 干支流水体 δ^2D、$\delta^{18}O$ 丰度见图 6-5，从该图可知，两条支流和干流源头三个水库的 $\delta^{18}O$ 丰度相当、δ^2D 丰度相当，且均高于出库断面；相对来看，干流的 $\delta^{18}O$ 丰度高于支流，δ^2D 丰度与支流差别不大，但 T3、G5 的 δ^2D 丰度显著低于其他断面。利用溯源模型对 T1、T2 和 T3 进行计算，结果表明水量贡献率无法表达，G1、S2 和 T3 的计算结果同理，水量贡献率无法表达。现场实地踏勘发现，支流 SJC 有小作坊非连续排放污水，T2 与 T3 断面之间的河段有村落非连续排放污水，由此可知，上述非连续排放点源是 S2、T3 和 G1 断面超标的主要原因之一。

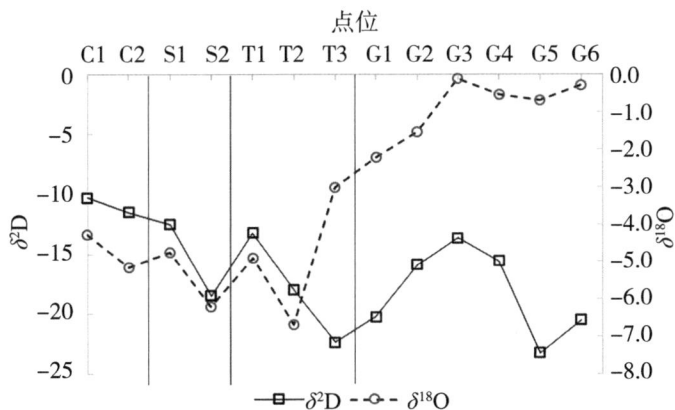

图 6-5　GMH 干支流水体 δ^2D 和 $\delta^{18}O$ 丰度

6.5.3　治理成效分析

从上节分析可知，GMH 流域农村生活污染监管方面还存在一定不足，小作坊和村落散排污染物对水体有不同程度的影响。此外，作为长江一级支流，在入江口之上修建拦水堰形成水面景观，一方面对发展三国古战场、提升地区水文化建设具有积极促进作用，但另一方面由于管理不善，水体流动性较差，发生富营养化，给入江水质带来负面影响。

现将 2020 年与 2023 年监测结果进行对比可知，4 号和 C2 位于 MJX 支流，S2 与 2 号位于 SJC 支流，T2 与 1 号位于 TZG 水库支流，G1 与 5 号、3 号与 G2 位置相近。

治理前 1 号点位 COD、TP 分别为 8.5mg/L、0.16mg/L，治理后 T2 点位 COD、TP 分别为 3.69mg/L、0.02mg/L，COD 浓度降低 56.6%，TP 浓度降低 87.5%；治理前 2 号点位 COD、TP 分别为 13mg/L、0.06mg/L，S2 点位 COD、TP 分别为 4.74mg/L、3.71mg/L，COD 浓度降低 63.5%，TP 治理效果较差；治理前 3 号点位 COD、TP 分别为 10.5mg/L、0.52mg/L，治理后 G1 点位 COD、TP 分别为 3.35mg/L、0.98mg/L，COD 浓度降低 68.1%，TP 的治理效果较差；治理前 4 号点位 COD、TP 分别为 14mg/L、0.11mg/L，治理后 T2 点位 COD、TP 分别为 4.57mg/L、0.11mg/L，COD 浓度降低 67.4%；治理前 5 号点位 COD、TP 分别为 7mg/L、0.1mg/L，治理后 G2 点位 COD、TP 分别为 3.59mg/L、0.57mg/L，COD 浓度降低 48.7%。因此，GMH 综合治理对 COD 削减效果较好，但 TP 仍存在问题。

6.6 小结

以长江流域农村小微河流 GMH 为案例，针对长江大保护水环境治理工程，通过污染特征调查以及污染溯源分析，探寻整治工程薄弱节点。

1）治理前，2020 年 6 月 GMH 水质有 1 个断面 TP 超标，超标倍数为 1.6 倍，超标率为 20%；底泥全氮含量较高，主要重金属含量满足 GB 15618—2018 风险筛选标准。GMH 水体 COD、NH_3-N、TP 主要污染源为城镇生活源（散排及雨天溢流生活污水）、城市面源、农村面源等。其中，城镇生活源的 COD 和 NH_3-N 贡献率均达到 40% 以上，TP 贡献率达 38%；城市面源输入 COD 负荷的贡献率达 35%，而农村面源的 NH_3-N 和 TP 入河污染负荷占比分别为 25% 和 29%。

2）采取耦合控源截污-疏浚通淤-生态护岸的农村沟渠水环境功能提升技术进行综合整治后，2023 年 3 月 GMH 水体 COD 改善效果明显，浓度降低 48.7% 以上，各断面总磷浓度为 0.01～3.71mg/L，平均值为 0.52mg/L，干流总磷浓度沿程呈下降趋势，氨氮浓度呈沿程增加趋势；在 13 个监测断面中，湖库断面有 4 个 TN 超标，超标率为 30.8%，湖库断面有 2 个 TP 超标，河流断面有 6 个 TP 超标，TP 超标率为 61.5%，TN、TP 改善效果不明显。

3）氢氧同位素溯源结果表明，水量贡献率无法表达，下游断面的水量除上游断面输入外，有沿途非连续排放污水汇入。

4）近年来 GMH 流域人类活动干扰导致水质变差，虽然实施了长江大保护相关工程，但农村生活污染监管方面还存在一定不足。

第 7 章　城市湖泊绿色治理技术实证分析

7.1　湖泊概况及污染特征

7.1.1　水系概况

城市小微湖泊 SSH 是 DFH 流域最小的湖。DFH 流域地处 DTH 与长江交汇口，DFH 流域覆盖范围北至建设北路和沿湖大道，南至延寿路、良田山路以及天图路，东至 JJH 路，西至新岳西路，共计 17.73km²，水面面积 2.42km²，库容约 670 万 m³，DFH 从南往北被分为 SSH、SH、ZH 及 XH。目前 DFH 的 SH、ZH、XH 基本被隔绝，和 JJH 互不连通，水动力条件较差，且均为 DFH 新区的城市内湖，无上游来水汇入，补水来源主要为流域内地表径流、壤中流、湖面降雨补给、地下水补给及环湖周边城市排水等。

前期调查显示，DFH 的 SH、ZH 水质级别为劣 V 类，XH 部分区域为劣 V 类，其余区域为地表水 Ⅳ～V 类，主要污染指标为 COD、NH_3-N、TP、TN，整个流域基本处于中度富营养化状态，部分区域处于轻度富营养化水平。

7.1.2　水体污染特征

2019 年 3 月对 SSH 进行采样，采样时间为连续 3 天，每个点位每天上午、下午各采样一次，结果见图 7-1，由图可知，2019 年 3 月 COD 最高的是 S1 点，为 45mg/L，最低的是 S2 点，为 25mg/L。TN 最高的是 S1，为 3.93mg/L；最低的是 S3，为 3.52mg/L。NH_3-N 最高的是 S3，为 1.37mg/L，最低的是 S1，为 1.21mg/L。3 个点位 TP 差别不大，都在 0.16mg/L 左右。总体来看，除了 S3 的 NH_3-N 值外，所有采样点中，S1 的 COD 和 TN 值最高，水质特别差。

（a）COD

（b）TN、NH₃-N

（c）TP

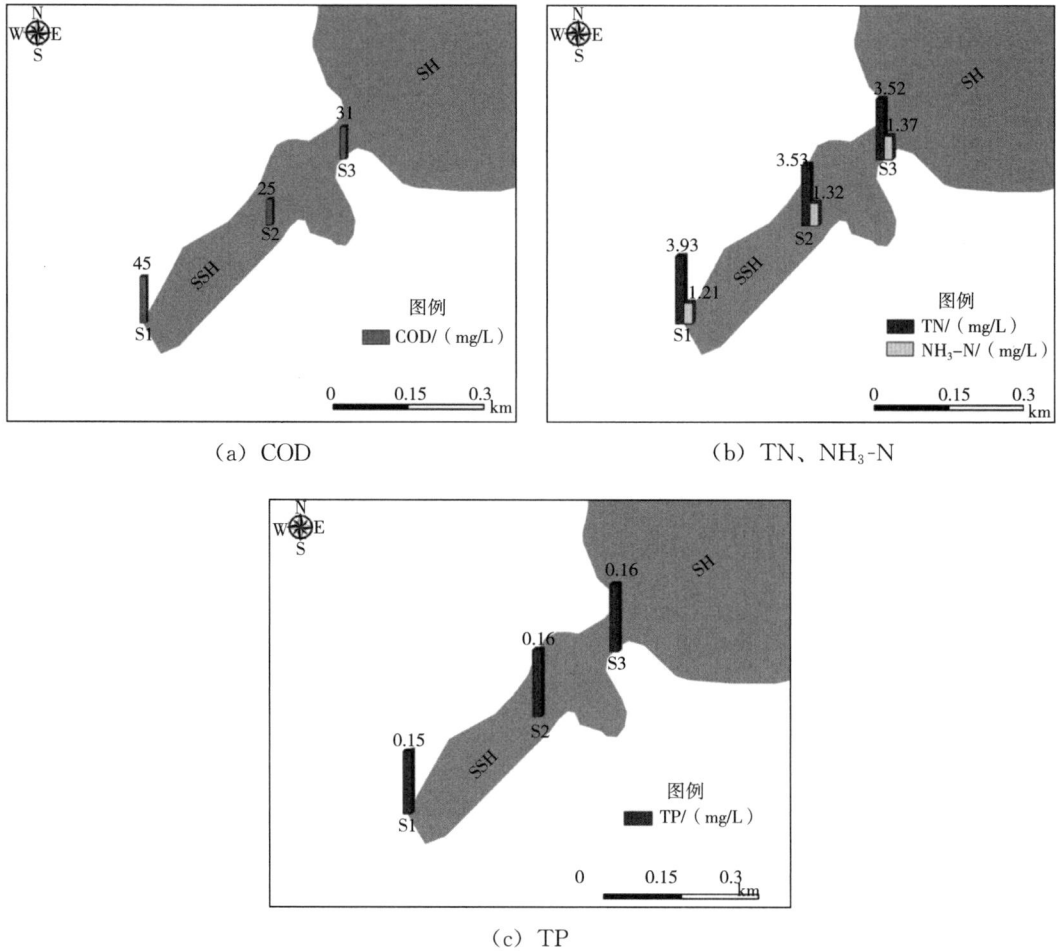

图 7-1　2019 年 3 月 SSH 水质分布

2021 年对该湖泊上段的 SSH 进行现场调查与采样分析，结果见表 7-1，3 个采样点中均存在轻度富营养化现象。

表 7-1　SSH 水体富营养化情况

样点	NH₃-N / （mg/L）	COD / （mg/L）	TN / （mg/L）	TP / （mg/L）	叶绿素 a / （μg/L）	综合营养状态指数
S1	1.28	38.8	3.77	0.19	<0.11	56.70
S2	1.40	26.3	3.56	0.15	<0.11	54.49
S3	1.33	26.5	3.50	0.16	<0.11	53.63

以地表水Ⅳ类标准（NH₃-N≤1.5mg/L，TN≤1.5mg/L，COD≤30mg/L，TP≤0.1mg/L）计，3 个采样点水质超标评价见表 7-2，结果表明，3 个采样点的 TN 和 TP 全部超标，超标率为 100%；COD 中只有 S1AM 和 S3AM 超标。总体来看，水体 TN

和 TP 问题比较突出。

表 7-2　　　　　　　　　　　　水质监测结果及超标倍数

序号	采样点	水质指标							
		NH_3-N/（mg/L）	超标倍数	TN/（mg/L）	超标倍数	COD/（mg/L）	超标倍数	TP/（mg/L）	超标倍数
1	S1AM	1.27	—	3.92	1.61	49.7	0.66	0.18	0.80
2	S1PM	1.30	—	3.61	1.41	28.0	—	0.20	1.00
3	S2AM	1.41	—	3.53	1.35	23.3	—	0.16	0.60
4	S2PM	1.39	—	3.58	1.39	29.3	—	0.13	0.30
5	S3AM	1.33	—	3.53	1.35	31.7	0.06	0.17	0.70
6	S3PM	1.00	—	3.46	1.31	20.7	—	0.15	0.50

SSH 底泥内源污染情况严重，富含氮、磷等营养物及重金属，TN、TP 及重金属等指标均处于风险状态。

7.2　水体污染源解析

7.2.1　点源污染

SSH 区域仅有 1 处青年堤调蓄池 1 号截流井溢流口，此处排入 SSH 的污染物由排口强化治理工程处理，设计出水水质为地表水Ⅳ类。

7.2.2　面源污染

收集流域污染物负荷资料，结果见表 7-3，BOD 和 COD 污染负荷主要来自商业区，占 60%；SS 主要来自工业区、商业区和生活区；氮磷则主要来自商业区，其次是工业区和生活区。商业区、工业区和生活区对 SSH 入湖面源污染负荷贡献很高。

表 7-3　　　　　　　　　　　　SSH 面源污染负荷总量

指标	污染物/（kg/a）				
	BOD_5	SS	TP	TN	COD
负荷量	24910.35	512441.50	1067.59	4128.00	36297.94

7.2.3 内源污染

SSH 底泥疏浚工程疏浚面积 53600m²，未疏浚面积 11273m²，去除了大部分湖体底泥污染，但仍需要采用底质改良技术，防止水底固相污染物集中过度释放，影响水体水质。

7.3 水体治理技术及成效分析

7.3.1 治理技术简介

SSH 治理采用集成曝气复氧＋水生植物修复＋水生动物修复＋微生态修复的水生态系统构建技术。

7.3.1.1 曝气复氧技术

人工向水体中充入空气或氧气，以提高水体溶解氧，恢复和增强水体中好氧微生物活力，从而分解、代谢污染物，净化水质。

曝气复氧技术能有效提高水体溶解氧浓度，改善水体黑臭现象，但是对解决氮磷浓度过高、藻类生物量高等水体富营养化问题效果不太好。只有在湖区构建水生态系统和专业长效的运行管理相结合的技术路线，才能最终达到水体长效稳定净化目的。

7.3.1.2 水生植物修复技术

多种高等水生植物能够有效地吸收水中氮磷等污染物质，抑制藻类的繁殖。水生高等植物不仅是湖泊、水库等水体中初级生产力的重要组成部分，而且在维持生态系统平衡方面具有显著的功效。大型植物能够稳定沉积物，降低悬浮颗粒物，减少沉积物磷释放，吸收营养盐，为具有净化作用的附着生物提供栖息场所，为浮游动物提供庇护场所。

水生植物茂盛时水质清澈、水生生物资源丰盛、生物多样性高，水生态系统稳定；水生植物稀疏或缺失时水质浑浊、水生生物资源贫乏、生物多样性低、生态系统脆弱。良好的水生植被可以使水体保持在清水状态和较低的营养水平，而水生植被的丧失可使水体浑浊并具有较高的营养水平，浮游藻类大量生长。

7.3.1.3 水生动物修复技术

水生动物包括浮游动物、游泳动物和底栖动物，其通过营养链利用水生动物滤食或刮食浮游植物，以达到控制藻类的目的，又称为"生物操纵"，能够在一定程度上调控景观水体的水质。

7.3.1.4　微生态修复技术

水体微生物群落构建包括两部分内容：投放底质生物改良剂，修复底栖微生态系统；投放水质生物净化剂，构建水体微生物群落。

底质生物改良剂是将适应底栖环境的高效复合工程菌附着于天然矿物质材料上，可长期向泥水界面释放微生物，加速分解有机物，促进底泥矿化，抑制污染物的固液转化过程。底质生物改良剂的微生物主要包括硝化菌、反硝化菌、硫化细菌、复合酵母菌、枯草芽孢杆菌、乳酸菌、生物酶等。底质生物改良剂里的高效复合工程菌处于休眠状态，其工程菌含量大于 2×10^9 cfu/g。

水质生物净化剂的主要成分为好氧微生物和兼氧微生物，主要包括复合芽孢杆菌、假单胞菌、光合细菌、复合酵母菌、硝化细菌、聚磷菌等。当水体溶解氧达到0.5mg/L 以上时即可表现出良好的活性，当溶解氧达到 2mg/L 以上时生物活性充分释放。

7.3.2　治理成效分析

从阴阳离子的 piper 图来看（附图 7-1），SSH 水体中 Ca^{2+} 为主要阳离子，HCO_3^- 为主要阴离子，SSH 湖水的水化学类型主要为 Ca^{2+}-HCO_3^- 型，表明研究区内的河水水体补给水化学类型比较单一，没有改变水化学类型的要素存在，因此当出现污染时，污染总量不会很高，不会导致区域连续的水化学类型的改变。

比较 SSH 工程治理前（2019 年 3 月）和治理后（2023 年 3 月）的水质，结果见图 7-2，由图可知，DFH2 号的 COD 浓度最高，为 24.50mg/L，然后是 3 号和 4 号，1 号的 COD 浓度最低，为 16.00mg/L；TN 浓度最高的是 4 号，为 27.15mg/L，最低的是 1 号，为 8.45mg/L；NH_3-N 浓度最高的是 3 号，为 9.50mg/L，最低的是 1 号，为 3.27mg/L；TP 浓度最高的是 4 号，为 1.00mg/L，最低的是 1 号，为 0.21mg/L。

分析可知，除了 2023 年 3 月的 2 号、3 号、4 号 3 个点的 COD 比 2019 年 3 月有所降低外，2023 年 3 月其他采样点的 NH_3-N、TN 和 TP 均比 2019 年 3 月高，由此可以看出，SSH 水体经过治理后水质并未改善。由结果可知，SSH 水质不满足地表水Ⅳ类水质标准，仍存在 NH_3-N、TN、TP 的超标情况。

（a）COD

（b）TN、NH₃-N

（c）TP

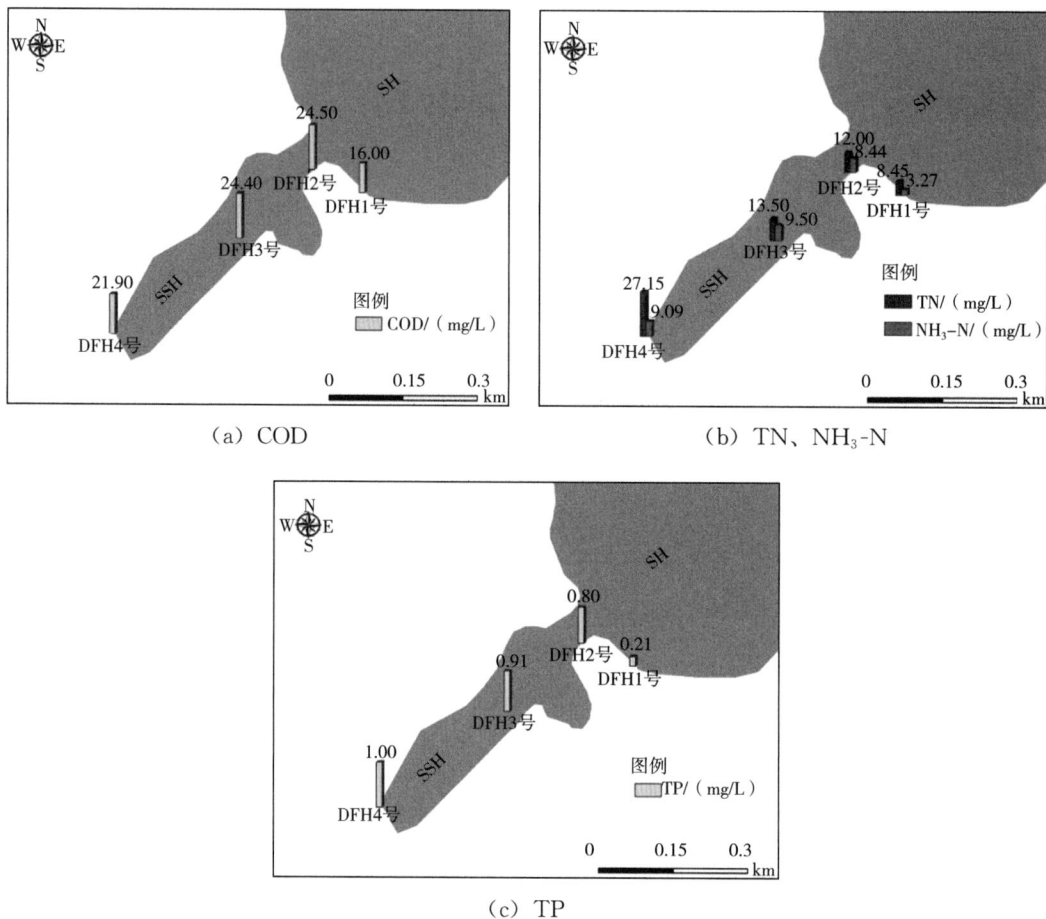

图 7-2　SSH 不同采样点水质浓度特征

7.4　小结

　　本章以城市小微湖泊 SSH 为例，对 SSH 水体特点进行了调查与分析。治理前水质很差，水体 TN 和 TP 问题比较突出，底泥内源污染严重。污染源中，商业区、工业区和生活区对 SSH 入湖面源污染负荷贡献很高。SSH 生态治理工程采取集成曝气复氧＋水生植物修复＋水生动物修复＋微生态修复的水生态系统构建技术，对其工程措施进行评估发现 SSH 水体经过治理后水质并未改善，仍需加强治理，特别是控源截污。

第 8 章 结论与展望

8.1 结论

概述了水体污染物特征调查方法、范围及时间的一般要求，讨论了污染物特征分析方法及关键因子识别方法；调研了污染溯源方法包括水化学监测检测法、示踪法、模型模拟法、水纹识别法以及大数据与人工智能 AI 技术等的相关研究文献，在此基础上总结污染物溯源方法体系；参考突发污染事故溯源技术方法，提出了小微水体污染物溯源技术体系。

通过从国家水专项、重点研发计划、行业支撑计划等科技成果库进行污染水体治理技术筛选，富营养化水体治理技术筛选 8 项，包括湖泊蓝藻水华仿生过滤/磁分离/原位深井控制成套技术、物理-生物联用蓝藻水华防控成套技术等，黑臭水体治理技术筛选 25 项，包括重污染水体底泥环保疏浚与生态重建技术、基于 EPSB 高效菌种的底泥原位治理技术等；结合长江流域典型小微水体特征，从技术成效、经济成本及社会效益等方面评估筛选的绿色治理技术，提出适宜于长江流域小微水体绿色治理的技术 20 余项，其中重点推荐低成本的支浜水质净化与生态修复技术、泥膜耦合-多段沉淀旁路治理工艺及基于 EPSB 高效菌种的底泥原位治理技术等。

以城镇小微河流 SLH 绿色治理为例，SLH 采取的绿色治理技术为河道底泥清淤＋生态修复的河流治理技术。效果分析可知，治理后，SLH 水质指标达到地表水Ⅳ类标准，满足要求，治理效果以 L2 号最为明显，由严重黑臭转变为清澈见底，周边生境也得到极大提升。因此，该绿色治理技术适宜于 SLH 综合整治。

以城市小微河流 BXH 绿色治理为例，对 BXH 水体特点进行了调查与分析，结合前期研究工作，对水体污染成因进行了探索，分析可知，雨季合流制管网溢流对 COD 污染负荷贡献很大，旱季则以生活污水对 COD 污染负荷影响很大；$NH_3\text{-}N$ 和 TP 则主要来自底泥释放。采取的绿色治理技术为耦合控源截污—原位净化—生态补水的河渠水环境功能保护技术。效果分析可知治理后水质明显改善，污染负荷削减 55.1%～98.5%。因此，该绿色治理技术在 BXH 应用比较成功，适宜推广。

以农村小微河流 GMH 绿色治理为例，对 GMH 小微水体特点进行了调查与分析。治理前 TP 超标率为 20%，超标 1.6 倍。GMH 水体 COD、NH_3-N、TP 主要污染源为城镇生活源（散排及雨天溢流生活污水）、城市面源、农村面源等。其中，城镇生活源的 COD 和 NH_3-N 贡献率均达到 40% 以上，TP 贡献率达 38%；城市面源输入 COD 负荷的贡献率达 35%，而农村面源的 NH_3-N 和 TP 入河污染负荷比例分别为 25% 和 29%。采取耦合控源截污-疏浚通淤-生态护岸的沟渠水环境功能提升技术进行综合整治后，GMH 水体 COD 改善效果明显，浓度降低 48.7% 以上，但 TP 仍存在问题，与人类活动干扰密切相关。

以城市小微湖泊 SSH 为例，对 SSH 小微水体特点进行了调查与分析。治理前水质很差，水体 TN 和 TP 问题比较突出，底泥内源污染严重。污染源中，商业区、工业区和生活区对 SSH 入湖面源污染负荷贡献很高。SSH 生态治理工程采取集成曝气复氧＋水生植物修复＋水生动物修复＋微生态修复的水生态系统构建技术，对其工程措施进行评估，发现 SSH 水体经过治理后水质改善有限，仍需加强控源截污等治理。

8.2 展望

党的十八大以来，以习近平同志为核心的党中央立足全局、着眼长远，提出以共抓大保护、不搞大开发为原则的长江经济带发展战略。推动长江经济带高质量发展，根本上依赖于长江流域高质量的生态环境。长江流域河湖众多，小微水体是长江的毛细血管，小微水体虽然面积小，但数量众多，其承纳流域污染负荷累积作用显著。相对于湖泊、河流等大型水体，小微水体具有水域面积较小、封闭性较强、流动性较差且生态结构较为单一、自净能力弱、受外界污染物影响大、易发生异常变化等特点。整治小微水体对保护长江水质有着重要意义。

虽经一系列综合治理，小微水体基本可实现水质提升和生态改善，但受实际情况影响，小微水体周边的生活污水治理很难一步到位，即使排口已全部排查改造或封堵，也存在一定的渗漏、溢流等问题，造成水体"反复治，治反复"的现象。未来应充分应用现有技术手段，全方位开展小微水体污染溯源调查、监测与综合评估，提出相应措施和手段，为水体治理提供参考，为落实长江大保护、推动长江经济带发展提供支撑。

主要参考文献

傲德姆，孙菲，冯庆标，等．广州市双岗涌黑臭水体整治案例分析［J］．环境工程技术学报，2020，10（05）：719-725．

常清一，成小英．生物膜-磁分离集成装置处理污染河水工艺参数优化［J］．环境工程学报，2019，13（09）：2152-2163．

陈国庆，顾正建，朱拓，等．太湖水荧光光谱分析［J］．中国环境监测，2006（6）：16-18．

陈家伟，赵振业，吴属连，等．国内外小微黑臭水体治理技术现状综述［J］．广东化工，2021，48（01）：80-81．

陈勇，杨坤宁，王伟．城市小微黑臭水体治理思路与技术措施［J］．给水排水，2021，57（S2）：210-214．

陈玉辉．典型城市黑臭河道治理后的富营养化分析与预测研究［D］．上海：华东师范大学，2013．

陈正侠，丁一，毛旭辉，等．基于水环境模型和数据库的潮汐河网突发水污染事件溯源［J］．清华大学学报：自然科学版，2017（11）：53-61．

丁雄祺，谢媚，陈偿，等．一株高效氨氮及亚硝态氮去除功能菌株的分离鉴定及在生物絮团对虾养殖中的应用［J］．中国水产科学，2019，26（05）：959-970．

耿亮．厌氧膨胀颗粒污泥床（EGSB）异位处理黑臭河水试验研究［D］．上海：华东师范大学，2011．

顾鹏飞．城市黑臭河流的原位化学修复研究［D］．济南：山东大学，2018．

郭炜超，王趁义，李琳琳，等．潜水式生态介质箱对黑臭水体的修复效果［J］．应用生态学报，2019，30（08）：2837-2844．

国家环境保护总局．水和废水监测分析方法［M］．北京：中国环境科学出版社，2002．

何楠，杨丝雯，王军．政府激励下小微水体治理参与方行为演化博弈分析［J］．

人民黄河，2021，43（04）：94-99.

贺亚兰. 治理小微水体污染是小事吗？[J]. 中国生态文明，2019（02）：98.

侯茂泽，马艳琼，田森林，等. 基于卷积神经网络识别三维荧光光谱的水污染溯源研究 [J]. 中国环境监测，2022，38（05）：188-195.

黄博，王方园，陶晨，等. 农村门口塘小微水体治理对策研究 [J]. 环境保护与循环经济，2018，275（7）：37-40，87.

黄大伟，郑文丽，冯立师，等. 突发水环境重金属污染事件溯源方法与应用案例 [J]. 环境工程学报，2021，15（07）：2239-2244.

黄慧锋. 浅谈深圳市光明区治理小微黑臭水体的措施技术 [J]. 陕西水利，2021，90（1）：117-118，128.

霍槐槐. SediMag™ 磁絮凝沉淀用于污水处理提标改造和深度除磷 [J]. 中国给水排水，2017，33（08）：53-56.

嵇晓燕，杨亦恂，杨凯，等. 水污染溯源监测方法研究综述 [A]. 中国环境科学学会. 2022年科学技术年会论文集（三）[C]. 2022.

季骁楠. 城市市政排水管网污染物溯源技术研究进展 [J]. 环境工程技术学报，2022，12（04）：1153-1161.

季亦强，刘贵祥，张蕾，等. AOS生物反应器原位修复黑臭水体的效能研究 [J]. 化工管理，2018（34）：55-57.

焦巨龙，杨苏文，谢宇，等. 多种材料对水中氨氮的吸附特性 [J]. 环境科学，2019，40（08）：3633-3641.

金佩英，姚建国，刘正富，等. 杭州市农村池塘水环境生态化治理试验研究 [J]. 浙江水利科技，2019，47（01）：10-13＋20.

敬双怡，李岩，于玲红，等. SMBBR工艺处理生活污水脱氮效能及其微生物多样性 [J]. 应用与环境生物学报，2019，25（01）：206-214.

孔晓乐，王仕琴，丁飞，等. 基于水化学和稳定同位素的白洋淀流域地表水和地下水硝酸盐来源 [J]. 环境科学，2018，39（06）：2624-2631.

黎坤，曾彩华，江涛. 前山河水力排污冲淤联合调度试验及效果分析 [J]. 地理科学，2006，26（1）：101-6.

李雨平，姜莹莹，刘宝明，等. 过氧化钙（CaO_2）联合生物炭对河道底泥的修复 [J]. 环境科学，2020，41（08）：3629-3636.

李原园，徐震，黄火键，等. 农村水系生态环境主要问题与对策浅析 [J]. 中国水利，2021，909（3）：13-16.

刘传旸，柴一荻. 南方某河水质荧光指纹特征及污染溯源 [J]. 光谱学与光谱分析，2021，41（7）：2142-2147.

刘静思. 黑臭小微水体治理技术的思考与研究 [J]. 皮革制作与环保科技，2023，4（10）：92-93＋96.

刘敏，蒋跃，罗鼎晖. 黑臭水体生态修复集成设计策略探究 [J]. 绿色科技，2020（12）：66-68.

刘祺，方芳，余凯，等. 城区小微水体治理的实践与思考 [J]. 江苏水利，2019（S2）：15-17＋20.

刘珊，邓仁贵，何香建，等. 乡村振兴战略下的农村小微水体综合整治分析研究——以湖南省长沙县为例 [J]. 湖南水利水电，2023（01）：65-67.

刘晓波，高奇英，朱文君，等. 苦草与金鱼藻对水体污染物的去除效果 [J]. 给水排水，2018，54（S2）：82-88.

罗茜平. 富氧曝气对黑臭河道氮磷及硫、铁迁移转化过程的影响研究 [D]. 重庆：重庆大学，2018.

吕清，顾俊强，徐诗琴，等. 水纹预警溯源技术在地表水水质监测的应用 [J]. 中国环境监测，2015，31（1）：152-156.

吕拥军，时永生. 黄孝河明渠清淤设备选择及施工方案探讨 [J]. 给水排水，2016，52（4）：104-107.

马韩静，李玲玲，孙子惠，等. 复合除磷剂的使用与分次投加方式对除磷效果的影响 [J]. 净水技术，2019，38（03）：76-81.

莫晨剑，魏晓琴，吴含西，等. 沿海某镇小微水体消劣治理措施探讨 [J]. 节能与环保，2020，310（5）：36-37.

莫帅，房凯，李凯. 宿迁农村小微水体治理与保护实践 [J]. 中国水利，2019（09）：55-57.

秋妍飞，王雷，张冰，等. 基于 SWAT 模型对抗生素点源污染分布特征的研究——以淮河中上游为例 [J/OL]. 中国环境科学，2025：1-21

商放泽，贾娟华，李兵，等. 基于 FBR 生物循环床的小微黑臭水体治理研究 [J]. 环境科学与技术，2021，44（S2）：259-265.

史斌. 水污染动态预警监测模型构建与应急处置工程风险分析 [D]. 哈尔滨：哈尔滨工业大学，2018.

孙秋慧. 气泡式 MABR 技术对黑臭水体增氧提质效果研究及其优化设计 [D]. 天津：天津大学，2018.

唐阳. 基于无人机高光谱的小微水体氮反演研究 [D]. 绵阳：西南科技大学，2022.

陶晨，王方园，张伟佳，等. 南方地区小微水体重金属污染与生态可持续影响研究进展 [J]. 环境保护与循环经济，2018，38（10）：59-62.

汪建华，王文浩，何岩，等. 原位曝气修复黑臭河道底泥内源营养盐的示范工程效能分析 [J]. 环境工程学报，2016，10（09）：5301-5307.

王靖霖，王东升，苑宏英，等. 指纹图谱技术与人工智能在污染物溯源解析中的应用研究 [J]. 环境保护科学，2022，48（06）：130-137.

王曙光，栾兆坤，宫小燕，等. CEPT 技术处理污染河水的研究 [J]. 中国给水排水，2001（04）：16-18.

王苏鹏，陈吉炜，刘意恒，等. 城区河流中沉水植物分布特征及其影响因素分析——以宁波城区内河为例 [J]. 湖泊科学，2019，31（4）：1064-1074.

魏潇淑，陈远航，常明，等. 流域水污染监测与溯源技术研究进展 [J]. 中国环境监测，2022，38（05）：27-37.

文远颖. 广州市小微水体水质评价与污染防治对策研究 [D]. 广州：广州大学，2023.

邬剑宇. 安吉县西苕溪流域小微水体污染源解析及生态修复模式研究 [D]. 杭州：浙江大学，2018.

吴涵，陈滢，刘敏，等. SBBR 反应器中耐冷微生物的驯化与识别 [J]. 化工学报，2020，71（02）：766-776.

吴娜娜，何洋. 我国黑臭水体的污染现状与治理技术 [J]. 建筑与预算，2019，11（21）：79-81.

项长友，吴遵义，陈崇光，等. 玉坎河系生态引水河道生态修复初探 [J]. 绿色科技，2019（4）：102-107.

谢超波，吴静，曹知平，等. 大流量河道的水质荧光指纹变化 [J]. 光谱学与光谱分析，2014，34（3）：695-697.

熊春茂，张笑天，李先耀，等. 湖北打造湖长制升级版的实践与思考 [J]. 中国水利，2017（10）：6-8，14.

徐会显. 关于河湖长制背景下湖北省黑臭水体治理的思考 [J]. 水资源开发与管理，2020（08）：76-79.

徐晋. 黑臭水体治理背景下我国城市污水治理系统分析与提质增效方略研究 [D]. 上海：同济大学，2022.

徐璐，蒋勇军，段世辉，等. 基于双同位素（$\delta^{15}N\text{-}NO_3^- \sim \delta^{18}O\text{-}NO_3^-$）和 Iso-Source 模型的岩溶槽谷区地下水硝酸盐来源的定量示踪 [J]. 环境科学，2020，41（08）：3637-3645.

徐昕，刘松，蒋力. 淮安市小微黑臭水体污染现状及其水质净化关键技术研究 [J]. 江苏水利，2022（04）：57-61.

许可，贾伟伟，强志民. 高锰酸钾氧化降解水中微量有机污染物的研究进展 [J]. 环境化学，2017，36（01）：16-26.

薛莲. 黑臭水体生物治理与生态修复实践探讨 [J]. 水资源开发与管理，2017，3（12）：38-41.

杨丹丹. 深圳市花园河流域内小微黑臭水体治理案例分析 [J]. 广东化工，2019，46（15）：138-140.

杨立园，黄标，刘甲春，等. 基于 SWMM-贝叶斯耦合方法的排水管网污染溯源 [J]. 河海大学学报（自然科学版），2024，52（05）：20-29.

杨娜，王趁义，徐园园，等. 黑臭小微水体治理技术的研究现状与发展趋势 [J]. 工业水处理，2021，363（5）：15-21.

杨丝雯. 小微水体多方协同治理的影响因素及行为博弈分析 [D]. 郑州：华北水利水电大学，2021.

尹雷. 城市景观水体污染解析与水质控制研究 [D]. 西安：西安建筑科技大学，2015.

余明星，苏海，张凯，等. 基于有机物指纹图谱技术的长江南京段水中有机磷溯源研究 [J]. 环境监控与预警，2022，14（05）：100-106，113.

张碧莹. 城市黑臭水体治理技术及其发展趋势 [J]. 科技风，2019（9）：243.

张捷鑫，吴纯德，陈维平，等. 污染河道治理技术研究进展 [J]. 生态科学，2005，24（2）：178-181.

张奎兴，罗建中. 超微米气泡技术应用于黑臭河水质处理试验研究 [J]. 环境工程，2014，（7）：30-32，76

张绍君. 纯氧曝气快速消除河流黑臭工程效果及河道影响因素研究 [D]. 北京：清华大学，2010.

张显忠. 国外黑臭河道治理典型案例与技术路线探讨 [J]. 中国市政工程，2018，2（1）：36-42.

赵龙. 雨型对非点源氮磷迁移的影响研究 [D]. 泰安：山东农业大学，2024.

郑进熙. 城市黑臭水体修复技术进展研究 [J]. 应用技术，2019（6）：83-84.

郑军，张立，杨常青，等. 跨国界流域重金属污染溯源体系框架初步构建［J］. 水资源保护，2015，31（06）：57-61.

郑伟. 城市污水管网有毒物质溯源监控技术研究［D］. 重庆：重庆大学，2011.

郑卓乐. 排水管道排放污染物贝叶斯统计算法-SWMM 耦合溯源模型［D］. 重庆：重庆大学，2018.

周黎，王清泉，程雨涵，等. 三维荧光光谱-熵权法在水污染溯源中的应用研究［J］. 四川环境，2022，41（05）：17-22.

Agarwal A，Ng W J，Liu Y. Principle and applications of microbubble and nanobubble technology for water treatment［J］. Chemosphere，2011，84（9）：1175-1180.

Asheri Aron T，Ezra S，Fishbain B. Water characterization and early contamination detection in highly varying stochastic background water，based on machine learning methodology for processing real-time UV-spectrophotometry［J］. Water Research，2019，155：333-342.

Baker A. Fluorescence excitation-emission matrix characterization of river waters impacted by a tissue mill effluent［J］. Environmental Science & Technology，2002，36（7）：1377-1382.

Balsero-Romero M，Macias F，Monterroso C. Characterization and fingerprinting of soil and groundwater contamination sources around a fuel distribution station in Galicia（NW Spain）［J］. Environmental Monitoring and Assessment，2016，188（5）：292.

Benkaddour B，Abdelmalek F，Addou A，et al. Assessment of anthropogenic and natural factors on Cheliff River waters（North-West of Algeria）at two contrasted climatic seasons［J］. International Journal of Environmental Research，2019，13（6）：925-941.

Cancino B，Roth P，Reub M. Design of high efficiency surface aerators：Part 1. Development of new rotors for surface aerators［J］. Aquacultural Engineering，2004，31（1-2）：83-98.

Deng Y，Chen N，Feng CP，et al. Treatment of organic wastewater containing nitrogen and chlorine by combinatorial electrochemical system：Taking biologically treated landfill leachate treatment as an example［J］. Chemical Engineering Journal，2019，364：349-360.

Dotto J，Fagundes-Klen M R，Veit M T，et al. Performance of different coagulants in the coagulation/flocculation process of textile wastewater [J]. Journal of Cleaner Production，2019，208：656-665.

Fahim R，Lu X W，Jilani G，et al. Comparison of floating-bed wetland and gravel filter amended with limestone and sawdust for sewage treatment [J]. Environmental Science and Pollution Research，2019，26（20）：1-11.

Feng J W，Pan L J，Cui B H，et al. New Approach for concentration prediction of aqueous phenolic contaminants by using wavelet analysis and support vector machine [J]. Environmental Engineering Science，2020，37（5）：382-392.

Flynn R M，Deakin J，Archbold M，et al. Using microbiological tracers to assess the impact of winter land use restrictions on the quality of stream headwaters in a small catchment [J]. The Science of the Total Environment，2016，541：949-956.

Gregor J，Garrett N，Gilpin B，et al. Use of classification and regression tree (cart) analysis with chemical faecal indicators to determine sources of contamination [J]. New Zealand Journal of Marine and Freshwater Research，2002，36（2）：387-398.

Gu Na，Wu Yunxia，Gao Jinlong，et al. Microcystis aeruginosa removal by in situ chemical oxidation using persulfate activated by Fe^{2+} ions [J]. Ecological Engineering，2017，99：290-297.

Hambly A C，Henderson R K，Storey M V，et al. Fluorescence monitoring at a recycled water treatment plant and associated dual distribution system—Implications for cross connection detection [J]. Water Research，2010，44（18）：5323-5333.

Hellar-kihampa H，De wael K，Lugwisha E，et al. Spatial monitoring of organohalogen compounds in surface water and sediments of a rural-urban river basin in Tanzania [J]. The Science of the Total Environment，2013，447：186-197.

Huang Guoxin，Liu Fei，Yang Yingzhao，et al. Removal of ammonium-nitrogen from groundwater using a fully passive permeable reactive barrier with oxygen-releasing compound and clinoptilolite [J]. Journal of Environmental Management，2015，154：1-7.

Ji Fengquan，Wang Wei. Comparison of the aquatic plants purification effects on eutrophic water from Chaohu lake area [J]. Applied Mechanics and Materials，2013，368/369/370（1）：282-285.

Jiang S C，Chu W，Olson B H，et al. Microbial source tracking in a small Southern California urban watershed indicates wild animals and growth as the source of fecal bacteria [J]. Applied Microbiology and Biotechnology，2007，76（4）：927-934.

Khorsandi M，Bozorg-haddad O，Mariño M A. Application of data-driven and optimization methods in identification of location and quantity of pollutants [J]. Journal of Hazardous，Toxic，and Radioactive Waste，2015，19（2）：04014031.

Kong H，Teng Y，Song L，et al. Lead and strontium isotopes as tracers to investigate the potential sources of lead in soil and groundwater：a case study of the Hun river alluvial fan [J]. Applied Geochemistry，2018，97：291-300.

Kruk M K，Mayer B，Nightingale M，et al. Tracing nitrate sources with a combined isotope approach in a large mixed-use watershed in Southern Alberta，Canada [J]. Science of the Total Environment，2020，703：135043.

Labrador K L，Nacario M A G，Malajacan G T，et al. Selecting Rep-PCR markers to source track fecal contamination in Laguna Lake，Philippines [J]. Journal of Water and Health，2020，18（1）：19-29.

Lee D H，Kim J H，Mendoza J A，et al. Characterization and source identification of pollutants in runoff from a mixed land use watershed using ordination analyses [J]. Environmental Science and Pollution Research International，2016，23（10）：9774-9790.

Li C，Wang Y，Wang T，et al. Study on wastewater chemical fingerprint database for identifying the pollution source of illegal discharge [C]. Qingdao：IEEE，2013：1346-1349.

Li S，Zhang Q. Response of dissolved trace metals to land use/ land cover and their source apportionment using a receptor model in a subtropic river，China [J]. Journal of Hazardous Materials，2011，190（1/2/3）：205-213.

Lin J，Zhang P，Yin J，et al. Nitrogen removal performances of a polyvinylidene fluoride membrane-aerated biofilm reactor [J]. International Biodeterioration & Biodegradation，2015，102：49-55.

Liu L，Dong Y，Kong M，et al. Insights into the long-term pollution trends and sources contributions in Lake Taihu，China using multi-statistic analyses models [J]. Chemosphere，2020，242：125272.

Martellini A，Payment P，Villemur R. Use of eukaryotic mitochondrial DNA to differentiate human, bovine, porcine and ovine sources in fecally contaminated surface water [J]. Water Research, 2005, 39 (4): 541-548.

Morchain J, Maranges C, Fonade C. CFD modelling of a two-phase jet aerator under influence of a cross flow [J]. Water Research, 2000, 34 (13): 3460-3472.

Mostofa K, Yoshioka T, Konohira E, et al. Three dimensional fluorescence as a tool for investigating the dynamics of dissolved organic matter in the Lake Biwa Watershed [J]. Limnology, 2005, 6 (2): 101-115.

Paruch L, Paruch A M, Sorheim R. DNA-Based faecal source tracking of contaminated drinking water causing a large campylobacter outbreak in Norway 2019 [J]. International Journal of Hygiene and Environmental Health, 2020, 224: 113420.

Pekey H, Karaks D, Bakoglu M. Source apportionment of trace metals in surface waters of a polluted stream using multivariate statistical analyses [J]. Marine Pollution Bulletin, 2004, 49 (9/10): 809-818.

Rosso D, Libra J A, Wiehe W, et al. Membrane properties change in fine-pore aeration diffusers: full-scale variations of transfer efficiency and head loss. [J]. Water Research, 2008, 42 (10-11): 2640-2648.

Sánchez-Alfonso A C, Díez H, Méndez J, et al. Microbial indicators and molecular markers used to differentiate the source of faecal pollution in the Bogota River (Colombia) [J]. International Journal of Hygiene and Environmental Health, 2020, 225: 113450.

Sánez J, Froehner S, Hansel F, et al. Bile acids combined with fecal sterols: a multiple biomarker approach for deciphering fecal pollution using river sediments [J]. Journal of Soils and Sediments, 2016, 17 (3): 861-872.

Selck B J, Carling G T, Kirby S M, et al. Investigating anthropogenic and geogenic sources of groundwater contamination in a semi-arid alluvial basin, Goshen Valley, UT, USA [J]. Water, Air & Soil Pollution, 2018, 229 (6): 186.

Srivastava D, Singh R M. Breakthrough curves characterization and identification of an unknown pollution source in groundwater system using an artificial neural network (ANN) [J]. Environmental Forensics, 2014, 15 (2): 175-189.

Tian Weijun, Qiao Kaili, Yu Huibo, et al. Remediation of aquaculture water in the estuarine wetlands using coal cinder-zeolite balls/reed wetland combination strategy [J]. Journal of Environmental Management, 2016, 181: 261-268.

Wang P, Yao J, Wang G, et al. Exploring the application of artificial intelligence technology for identification of water pollution characteristics and tracing the source of water quality pollutants [J]. Science of the Total Environment, 2019, 693: 133440.

Wang Yi, Wang Wenhuai, Yan Feilong, et al. Effects and mechanisms of calcium peroxide on purification of severely eutrophic water [J]. Science of the Total Environment, 2019, 650: 2796-2806.

Wei Wei, Liu Mengyan, Zhang Wenjun, et al. Studies on influencing factors of heterotrophic nitrifying bacteria treating black and odorous water bodies [C]. AIP Publishing: AIP Conference Proceedings, 2019, 2122 (1): 020072.

Wu J, Pons M N, Potier O. Wastewater fingerprinting by UV-visible and synchronous fluorescence spectroscopy [J]. Water Science & Technology, 2006, 53 (4-5): 449-456.

Wu Xiuhua. Low-intensity and micropore pipes aeration powered by wind-solar energy in treating urban black-odor rivers [J]. IOP Conference Series: Earth and Environmental Science, 2018, 189 (5): 52-64.

Yang L, Mei K, Liu X, et al. Spatial distribution and source apportionment of water pollution in different administrative zones of Wen-Rui-Tang (WRT) River Watershed, China [J]. Environmental Science and Pollution Research International, 2013, 20 (8): 5341-5352.

Zawawi M H, Zainal N S, Swee M G, et al. Efficiency rate of independent floating water treatment device (IFWAD) [J]. AIP Conference Proceedings, 2017, 1885 (1): 20-21.

Zazou H, Afanga H, Akhouairi S, et al. Treatment of textile industry wastewater by electro-coagulation coupled with electrochemical advanced oxidation process [J]. Journal of Water Process Engineering, 2019, 28: 214-221.

Zheng W, Wang X, Tian D, et al. Water pollutant fingerprinting tracks recent industrial transfer from coastal to inland China: a case study [J]. Scientific Reports, 2013, 3: 1031.

附图 3-1　示范应用实景

附图 3-2　丝状藻类异常增殖生态控制工程现场照片

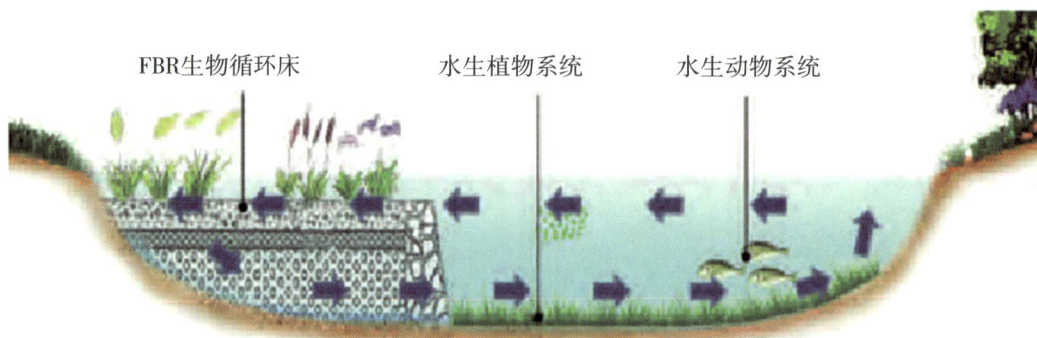

附图 3-3　FBR 生物循环床综合治理技术原理

农田

支浜节点主动净化

支浜形态结构调整

不同生态功能需求
的生物修复

径流汇入

附图 3-4　低成本的支浜水质净化与生态修复技术的工艺组成

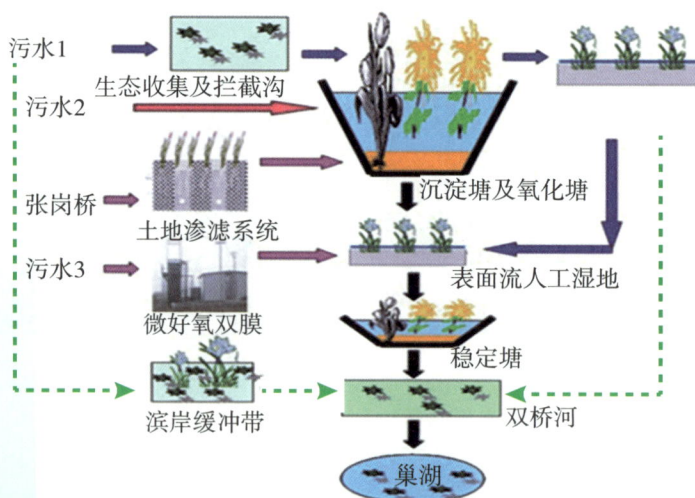

污水1

生态收集及拦截沟

污水2

张岗桥

土地渗滤系统

污水3

微好氧双膜

滨岸缓冲带

沉淀塘及氧化塘

表面流人工湿地

稳定塘

双桥河

巢湖

附图 3-5　工艺流程

（a）产品

（b）产品（放大）

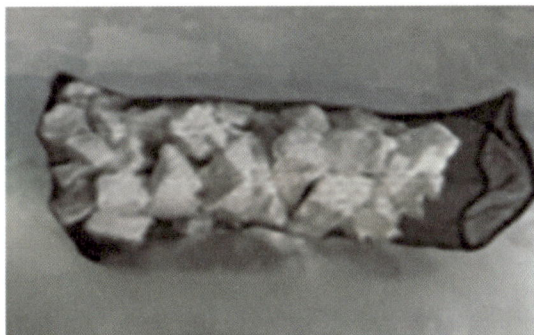

（c）用于水池等净化

附图 3-6　产品照片

（a）净化前圆形水槽水浑浊，看不见底部

（b）净化后可看到底部

（c）净化前池水浑浊，看不清水底的管道。

（d）净化后可看到管道

附图 3-7　净化前后对比

（a）治理前

（b）治理后

附图 4-1　SLH 治理前后对比

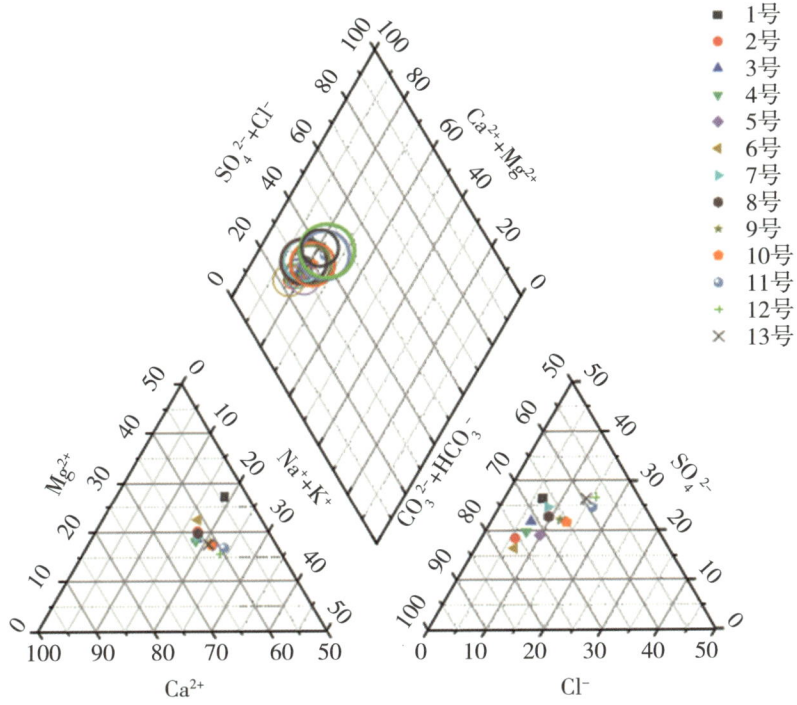

附图 4-2　SLH 水体水化学 piper 图

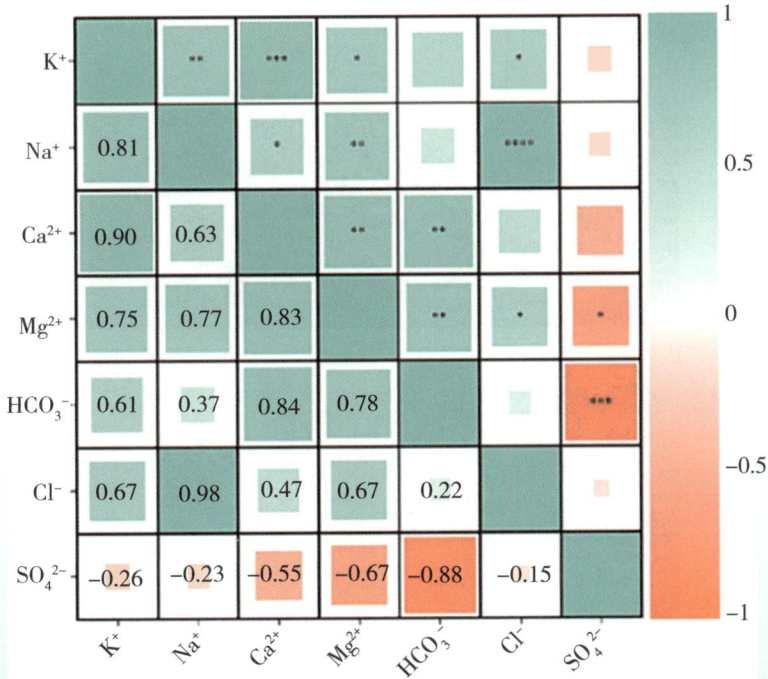

附图 5-1　BXH 水体阴阳离子相关性矩阵

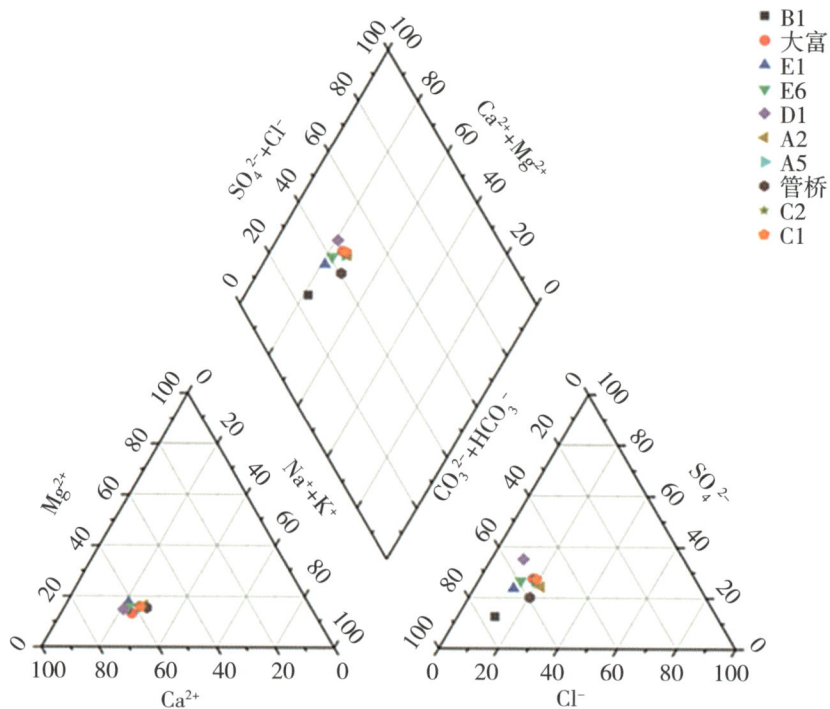

附图 5-2　BXH 水体水化学 piper 图

附图 6-1　GMH 水环境现状

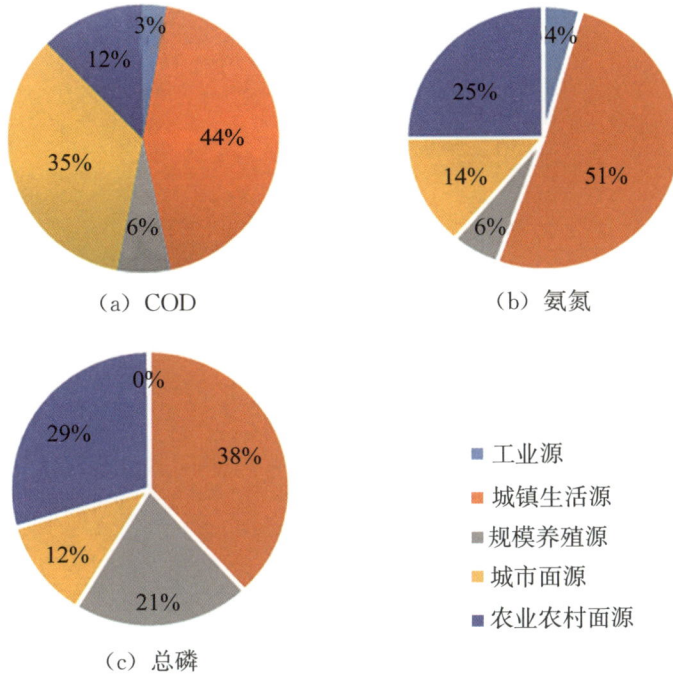

（a）COD （b）氨氮 （c）总磷

图例：
- 工业源
- 城镇生活源
- 规模养殖源
- 城市面源
- 农业农村面源

附图 6-2　GMH 主要污染物来源分布图

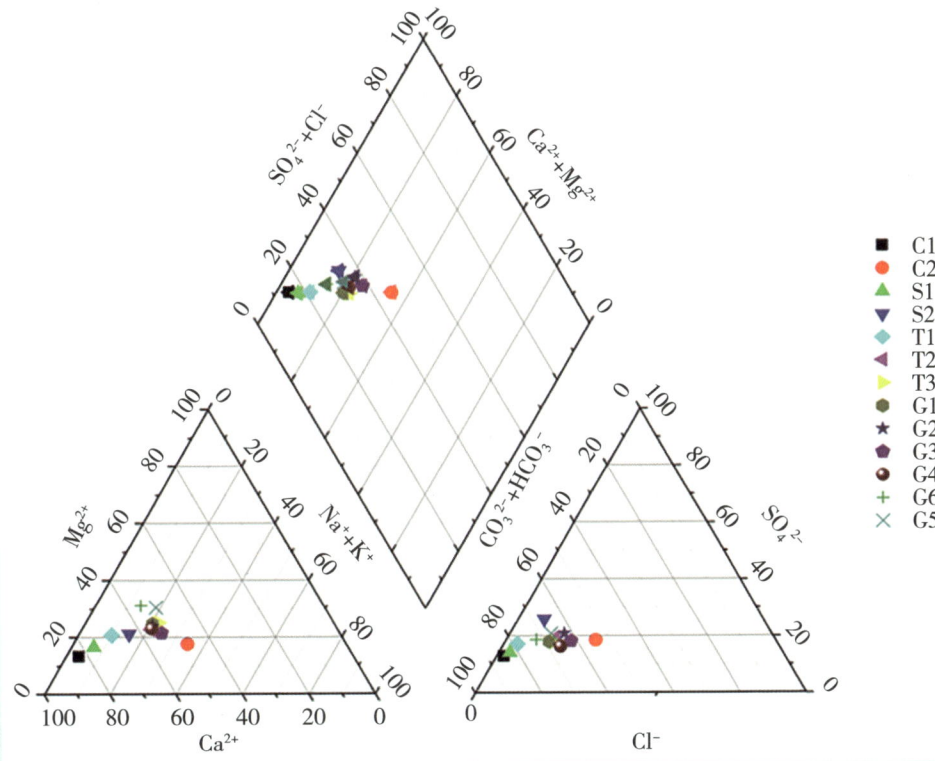

附图 6-3　GMH 水体阴阳离子 piper 图

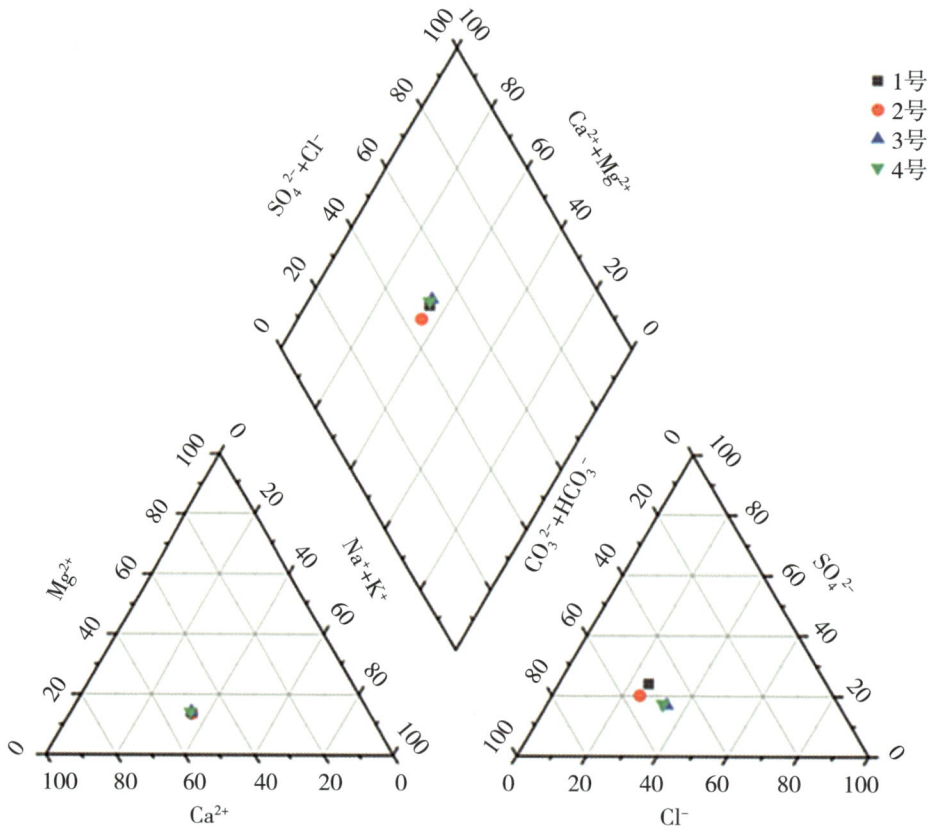

附图 7-1　SSH 湖水阴阳离子 piper 图